걷는 만큼 빠진다

워킹
다이어트

걷기와 다이어트,
매일 해야 하는 일상으로
생각하세요

…김사라

다이어트는 단거리달리기가 아니에요. 마라톤이라고 할 수 있지요. 습관처럼 몸에 배는 게 중요하니까요.

그렇다고 '이걸 어떻게 죽을 때까지 한단 말인가' 하고 심난해 할 필요는 없어요. 샤워나 양치질처럼 조금은 귀찮지만 매일 해야 하는 일상생활 중 하나라고 생각하면 된답니다. 다이어트도 샤워처럼 몸과 마음이 가벼워지는 기분 좋은 일이잖아요.

식성과 생활습관을 바꾸는 것이 처음엔 쉽지 않겠지만 조금씩 천천히 시도해 보세요. 짜게 먹던 사람이 갑자기 저염식을 하면 다이어트가 너무 힘겨운 일이 될 테니 실패할 수밖에요. 염분과 탄수화물, 지방을 점차 줄이면서 적응해 가는 거예요. 그러다 보면 어느새 입맛이 바뀌어 있는 자신을 보고 놀라게 될 걸요?

운동도 마찬가지예요. '운동해야지' 하고 작정하면 그날은 열심히 하겠지만 다음날엔 힘들어서 하기 싫어지게 마련이지요. 그보다 일상 속에서 칼로리를 소비하세요. 그런 면에서 걷기만한 것이 없어요. 걷기는 체지방을 빠르게 소비하기 때문에 다이어트에 아주 효과적인 데다가 바로 일상이니까요. 멀지 않은 거리는 걸어 다니고, 엘리베이터보다 계단을 이용하고…. 하루 24시간 중 그 몇 분만 잘 활용해도 수십 칼로리는 더 소비할 수 있으니 해 볼 만하지 않나요? 모델이자 퍼스널 트레이너인 제가 평생 함께할 운동으로 걷기를 선택한 이유예요.

지금 바로 목표를 세우세요. 그리고 부담 없이 시작하는 거예요. 건강한 일상이 당신을 날씬하게 만들어 줄 거예요.

contents *

걷기 다이어트는 일상일 뿐이에요.
조금 귀찮은 샤워처럼…

Part1

왜 걷기 다이어트일까?

걷기 전에 알아야 할 것들

다이어트에 좋다는 운동은 수도 없이 많다. 그런데 왜 꼭 걷기 다이어트일까.
걷기는 남녀노소 누구에게나 좋고, 도중에 포기하거나 실패할 확률이 적다.
무리한 운동으로 건강을 해칠 염려도 없고, 비용이 많이 들지도 않는다.
걷기 다이어트의 장점과 효과, 효율적인 걷기 방법 등을 소개한다.

성인병을 예방하고 뇌를 건강하게
걷기가 몸에 좋은 이유

현대인은 심각한 에너지 과잉 상태에 빠져 있고, 남아도는 에너지를 소비하기 위해
운동은 필수가 되었다. 운동은 고강도보다 저강도 운동을 오래 하는 것이 좋다고 한다.
대표적인 운동이 바로 걷기다. 걷기가 왜 좋은지 알아본다.

콜레스테롤과 중성지방을 줄인다

호흡을 통해 몸속에 들어온 산소와 체지방을 에너지원으로 사용하는 걷기
운동은 다이어트는 물론 콜레스테롤과 중성지방을 조절하는 효과도 있다.
조금 빠른 속도로 걸으면 성인병의 원인이 되는 콜레스테롤과 중성지방을
줄일 수 있다. 실제로 하루에 30분씩 2개월 동안 걸은 결과 콜레스테롤과
중성지방 수치가 크게 낮아진 사례들이 있다.

혈당치를 낮춘다

걷기 운동은 온몸의 근육과 관절을 사용하는 전신 운동이라서 근육의 포도
당 대사를 활발하게 해 혈당치를 낮추는 효과가 있다. 당뇨병이 걱정되는
사람은 평소 걷기 운동을 꾸준히 하는 것이 좋다. 반면 강도가 높은 운동은
아드레날린 등의 호르몬을 분비시켜 혈당치를 높일 수 있으니 주의한다.

뼈를 튼튼하게 한다

운동을 하거나 열심히 움직이면 음식물을 통해 섭취한 칼슘이 뼈 속으로 충
분히 흡수된다. 또 움직이지 않는 동안 빠져나간 골질(뼈를 구성하는 물질)
을 채워 주는 역할도 한다. 걷기 운동은 몸에 있는 모든 근육과 뼈를 동시에
움직이기 때문에 뼈마디를 튼튼하게 만든다. 특히 골다공증에 걸리기 쉬운
여성들에게 좋다.

혈관질환에 효과적이다

걷기 운동은 고혈압, 저혈압, 빈혈 등 혈관과 관련된 질병에 매우 효과적이다. 고혈압인 사람이 운동을 하면 말초혈관의 혈액 흐름이 활발해지고 산소가 충분히 공급되어 혈압이 점차 내려간다. 단 갑자기 고강도의 운동을 하게 되면 순간적으로 혈압이 높아질 수 있으므로 자신의 몸 상태에 맞추는 것이 중요하다.

저혈압인 사람은 낮은 압력으로 심장이 움직이기 때문에 심장이 약한데, 운동을 적당히 하면 혈액을 많이 흘려보내 심장을 튼튼하게 단련시키는 효과가 있다.

걷기 운동을 하면 호흡수가 늘어나고 호흡이 깊어지며 심장이 빨리 뛰게 된다. 이 과정에서 혈액 속의 적혈구나 혈색소의 양이 늘어나므로 빈혈에도 도움이 된다.

뇌 기능을 활성화시킨다

하체에는 뇌를 자극해 뇌세포의 노화를 막는 긴장근이 많이 모여 있다. 하체를 많이 움직일수록 뇌의 기능이 활발해지고, 반대로 하체를 움직이지 않으면 근육이 쇠약해지면서 뇌 기능도 떨어진다. 걷기는 하체를 지속적으로 움직이는 운동이기 때문에 뇌 건강을 지키는 데 아주 효과적이다.

우울증을 치료한다

현대인들은 복잡한 사회 속에서 다양한 스트레스와 고민을 안고 살아간다. 일과 인간관계 등으로 스트레스를 받는 직장인, 가사와 육아 등에 시달리는 주부 등 많은 사람들이 우울증을 겪고 있다. 걷기는 5분만 걸어도 엔도르핀이 발생해 기분을 상쾌하게 만든다. 우울증 치료에 효과가 있는 것은 물론, 일상의 스트레스를 푸는 데도 도움이 된다.

알아 두면 좋아요

다리의 혈액순환을 돕는 '밀킹 액션'

오랫동안 앉아 있거나 서 있으면 다리가 붓고 무거워진다. 이는 장시간 다리를 움직이지 않아 혈액순환이 나빠져서 혈액이 뭉쳐 나타나는 증상이다. 다리는 심장에서 멀리 있는 데다 낮은 위치에 있기 때문에 혈액순환이 나빠지기 쉽다. 특히 이코노미 클래스 증후군(좁은 공간에서 장시간 움직이지 못해 혈액순환이 나빠지고 혈액 덩어리가 혈관을 막아 생기는 증상)의 경우 심하면 사망으로 이어질 수도 있어 그대로 방치하면 위험하다.

다리의 혈액순환을 돕는 데는 걷기 운동이 효과적이다. 걷기 운동을 하면 다리 근육이 움직여 혈류가 좋아지기 때문이다. 걸을 때 다리 근육이 본능적으로 수축과 이완을 반복하는데, 그 움직임이 마치 소의 젖을 짤 때의 움직임과 닮았다고 하여 이를 '밀킹 액션(Milking action)'이라고 부른다.

체지방을 분해하는 유산소 운동의 절대 강자

걷기 다이어트, 이래서 좋다

다이어트의 진짜 목적은 체중이 아니라 체지방을 줄이는 것이다.
체지방은 운동을 시작한 뒤 어느 정도 시간이 지나야 비로소 연소되기 시작한다.
걷기는 낮은 강도로 오래 할 수 있기 때문에 체지방 연소 효과가 매우 뛰어나다.

손쉽게 시작할 수 있고 경제적이다

비싼 운동 기구를 사거나 헬스클럽을 다녀야 할 필요가 없다. 자신의 발에 맞는 편한 운동화만 있으면 지금 바로 시작할 수 있다. 장소나 시간에 구애 받지 않고 자신의 생활 패턴에 맞춰 다양하게 응용할 수 있는 것도 장점이다. 평소 출퇴근 때나 약속이 있을 때 대중교통 수단을 이용하는 대신 걸어서 가면 오히려 교통비를 절약할 수 있다.

부작용은 적고 효과는 높다

걷기 운동은 발을 내딛을 때 받는 충격이 체중의 한두 배에 불과해 같은 유산소 운동인 달리기보다 몸에 부담이 적다. 그러면서도 같은 시간 운동할 경우 체지방 소비율은 달리기와 거의 비슷해 다이어트 효과가 높다. 미국의 한 연구 결과에 의하면 걷기 운동을 1회 45분, 1주일에 4회 꾸준히 하면 체중을 1년 동안 8.2kg 줄일 수 있다.

체지방을 빠르게 분해한다

체지방은 운동을 시작하고 바로 소비되는 것이 아니라 일정 시간이 지나야 연소된다. 보통 10~20분 이상 빠르게 걸으면 지방이 분해된다. 적절한 강도의 걷기는 지치지 않고 오래 할 수 있기 때문에 체지방을 분해하는 데 효과적이다. 특히 공복 시 유산소 운동은 체내에 쌓인 당을 먼저 소비하기 때문에 체중 감량 효과가 크다.

스트레스를 해소한다	걸으면 뇌가 적당히 자극되면서 엔도르핀 분비가 늘어나 기분이 좋아지고 정신이 맑아진다. 다이어트를 하다 보면 어쩔 수 없이 식사 조절에 대한 스트레스를 받게 되는데, 이때 밖으로 나가 걸으면 폭식 욕구가 가라앉고 기분이 한결 나아진다. 실제로 걷기는 우울증 치료에 효과가 있을 정도로 스트레스 해소 효과가 탁월하다.
요요현상이 없다	낮은 강도로 크게 힘들이지 않고 운동하기 때문에 단시간에 격렬한 운동을 했을 때처럼 허기가 지는 일이 없다. 또 스트레스를 풀어 충동적인 폭식도 막는다. 힘들게 다이어트를 하고도 운동 후 식욕이나 폭식 욕구를 이기지 못해 요요현상을 겪은 사람들에 걷기를 적극 추천하는 이유이다.
식이요법을 돕는다	걷기 등 낮은 강도의 유산소 운동을 끝내고 나면 과일이나 물이 먹고 싶어진다. 운동 초반에 체내의 탄수화물(당)을 빠르게 소비하기 때문이다. 따라서 당을 빠르게 공급해 주는 과일이 당기고, 소비된 수분을 보충하기 위해 물을 찾게 된다. 과일과 물을 많이 먹으면 자연스럽게 식사량이 줄어 식이요법에 도움이 된다.
오래 지속할 수 있다	운동과 다이어트는 꾸준히 해야 효과가 있다. 1년 중 3개월 동안 매일매일 운동을 하는 것보다 1주일에 3회 이상 1년 내내 꾸준히 하는 것이 더 효과적이라는 뜻이다. 이는 우리의 몸이 스스로를 보호하기 위해 원래대로 돌아가려는 성질이 있기 때문이다. 걷기는 힘이 많이 들지 않아 다이어트 중 올 수 있는 스트레스가 적고, 오히려 엔도르핀을 증가시켜 기분을 좋게 해 주며, 일상생활 속에서 응용할 수 있다. 따라서 오랜 기간 꾸준히 하기에 더할 나위 없이 좋은 운동이다.

**알아 두면
좋아요**

걷기의 소비 칼로리는?

METs(metabolic equivalents, 대사당량)를 이용하면 걷기의 소비 칼로리를 구할 수 있다. METs는 산소 소비량이 안정 시의 몇 배인지를 나타내는 지표로, 가장 효율적인 속도인 시속 6km(분속 100m)로 걸을 때의 METs는 4이다.

소비 에너지(kcal) = 체중(kg) × METs × 운동 시간(시간)

예) 체중 60kg인 사람이 시속 6km로 걷기 운동을 30분 했을 경우
60(kg) × 4(METs) × 0.5(시간) = 120kcal

쌍둥이처럼 비슷하지만 알고 보면 다른 운동

걷기 vs 달리기

걷기와 달리기는 야외에서 하는 점, 특별한 준비물이 필요 없는 점 등 비슷한 부분이 많아
거의 같은 운동으로 보인다. 하지만 발의 위치부터 운동 강도, 효과까지 실제로는 서로 다른 운동이다.
둘 중 어떤 운동이 더 다이어트에 효과적일까?

걷기

운동 강도는 낮아도 지방 연소율은 높다

걷기는 경험이 전혀 없는 사람도 한 번에 30분~1시간 정도 운동을 지속할 수 있다는 것이 특징
이다. 심장에 무리를 주지 않고, 땅을 디딜 때 발에 가해지는 충격이 달리기에 비해 두세 배 적
다. 발이 땅에 닿는 착지 시간이 길어 충격을 완화시키고, 특히 무릎 관절에 충격을 주지 않아
달리기에서 흔히 생기는 부상도 없다. 다리와 허리에 가는 부담이 적어 나이가 많은 사람과 젊
은 사람, 운동이 처음인 초보자와 전문가가 함께 해도 무리가 없는 운동이다.

반면 지방 분해 효과는 달리기보다 높다. 미국에서 하루 1회 30분씩, 주 3회 20주에 걸쳐 걷기
와 달리기의 운동 효과에 대해 조사한 실험이 있었다. 이 실험에서 걷기 그룹은 체중 1.5%, 체지
방률 13.4%가 감소한 반면, 달리기 그룹은 체중 1.5%, 체지방률 6.0% 감소라는 결과가 나왔다.
걷기가 이렇게 체지방 연소율이 높은 것은 운동 강도와 관련이 깊다. 운동을 시작하면 초반에
는 몸에서 혈액 내 당, 근 글리코겐, 단백질처럼 에너지 전환이 빠른 물질들을 소비한다. 지방
은 에너지로 바뀌기도 어렵고 위기 상황에 대비하기 위해 제일 나중에 쓰인다. 그러다가 5~10
분이 지나도 운동 강도가 심하지 않으면 몸에서는 나중을 대비해 지방을 축적할 필요가 없어졌
기 때문에 안심하고 지방을 사용한다. 강도가 크게 높지 않고 오래 지속할 수 있는 걷기의 지방
연소 효과가 달리기보다 더 뛰어난 이유이다.

달리기

심장을 튼튼하게 하지만 초보자는 주의!

달리기는 좋은 유산소 운동이다. 속보보다 조금 빠른 조깅, 짧은 코스 반복 달리기, 마라톤 등 여러 형태가 있어 자신의 컨디션과 운동 목표에 따라 다양하게 응용할 수 있다. 걷기에 비해 속도감이 있고 여러 사람이 즐겁게 할 수 있어 인기도 높다.

달리기를 하면 체내에 쌓인 영양물질이 남김없이 대사되어 혈관이 맑고 깨끗해진다. 또 꾸준히 하면 심장의 박동 수를 줄일 수 있다. 평소 맥박이 빠른 사람의 경우, 분당 박동 수가 5회 이상 감소하기도 한다. 이는 심장이 한 번 뛸 때 많은 양의 혈액을 펌프질하는 것으로 그만큼 심장이 튼튼해졌다는 뜻이다.

그뿐 아니라 '러너스 하이(Runner's high, 30분 이상 달려서 정신이 맑아지고 기분이 최고조에 달하는 상태)'라는 말이 있을 정도로 스트레스 해소에도 효과적이다.

하지만 야외에서 하는 달리기는 한번 시작하면 스스로 속도를 조절하기 어려워 부상의 위험이 크다. 운동선수들도 힘들어 할 만큼 강도가 높은 운동이어서 심장에 주는 부담도 크다. 운동을 처음 시작하는 사람에게는 무리가 갈 수 있으므로 주의해야 한다.

[걷기와 달리기의 차이]

	걷기	달리기
대상	남녀노소 누구나	기초 체력이 약한 사람, 고령자는 피한다
두 발의 위치	두 발 중 적어도 한 발은 바닥에 붙어 있다	두 발이 공중에 뜬다
적합한 신발의 무게	체중의 1%	300~500g
효율적인 속도	7km/h	최소 8km/h 이상
발의 착지 시간	약 0.6초	약 0.2초 이내
무릎에 가해지는 충격	체중의 1.2~1.5배	체중의 3~5배
체력 소모	적다	크다
칼로리 소모와 지방 연소	칼로리 소모량은 적지만 지방 연소율은 높다	칼로리 소모량은 높지만 지방 연소율은 낮다

몸 상태 진단부터 신발 점검까지
운동 전에 체크해야 할 것들

걷기는 누구나 할 수 있는 운동이지만 먼저 자신의 몸 상태가 괜찮은지,
자세나 걸음걸이가 비뚤어져 있지는 않은지 등 몇 가지 체크할 필요가 있다.
잘못된 점이 있다면 바로 잡고 운동을 시작해야 효과를 제대로 볼 수 있다.

신발은 발에 잘 맞는가?

걷기 운동은 발에 압력이 많이 가해지기 때문에 신발이 발을 편하게 받쳐 주는 것이 아주 중요하다. 신발이 불편하면 운동 자체가 스트레스가 되고, 안 맞는 신발을 오래 신으면 무릎과 목에 무리가 가고 척추가 비뚤어져 자세까지 나빠진다. 다음 항목을 체크해 보고 한 가지라도 해당될 경우 신발을 새로 장만하는 것이 좋다.

☐ 신었을 때 발에 1cm도 남김없이 꼭 맞는다.
☐ 발가락이 신발 안에서 잘 움직이지 않는다.
☐ 달리기 위해 만들어진 조깅화다.
☐ 바닥 뒤꿈치에 쿠션이 없다.
☐ 일부러 무겁게 만든 다이어트 신발이다.
☐ 구입한 지 2~3년이 지났다.

많은 사람들이 걷기 운동을 할 때 하는 실수 중 하나가 조깅화를 신고 걷는 것이다. 조깅화는 걷기 운동에 맞지 않는다. 걸을 때와 달릴 때 발이 지면에 닿는 부위가 다르기 때문이다. 조깅을 할 때는 주로 발 가운데 부분과 앞부분이 지면에 닿는다. 따라서 조깅화는 발바닥 가운데와 발끝에 쿠션이 있다. 반면 걷기 운동을 할 때는 발바닥이나 발끝보다 주로 뒤꿈치가 지면에 오랜 시간 닿기 때문에 뒤꿈치 부분에 충격 완화 장치가 있어야 오랫동안 걸어도 발이 피로하지 않다. 게다가 조깅화는 신발 밑창의 폭이 좁아 폭이 넓은 워킹화에 비해 발이 받는 하중을 효과적으로 분산시키지 못한다.
무거운 깔창을 넣은 다이어트용 신발도 안 된다. 다이어트용 신발은 하이힐 같은 모양이라 걸을 때 발 앞부분이 먼저 닿는다. 이렇게 되면 바른 자세로 걸을 수 없어 몸에 무리가 갈 수 있다.
편하고 좋은 신발을 샀다고 해서 몇 년씩 계속 쓰는 것도 좋지 않다. 워킹화는 시간이 지나면 발을 지지해 주는 쿠션, 스프링 등의 기능이 떨어진다. 하루에 30분 이상 걷는다면 1년에 한 번씩 새로 장만한다.

자세는 비뚤어지지 않았는가?

잘못된 걸음걸이는 다리의 모양을 비틀고 오래 되면 비만, 냉증, 허리결림, 불면증이 생기게 한다. 특히 걷기 운동은 온몸의 뼈와 근육을 모두 사용하는 전신운동이어서 나쁜 자세로 걷다 보면 관절이 상할 뿐 아니라 몸에 무리가 간다. 특별한 원인도 없는데 허리나 관절이 시큰시큰 아프고, 가끔 머리가 띵해지는 증상이 나타난다면 다음 항목을 체크해 보자. 네 가지 항목 중 한 가지라도 해당된다면 자세 교정이 필요하다.

☐ 팔자걸음, 안짱걸음이라는 지적을 받은 적이 있다.
☐ 구두를 신고 걸을 때 유난히 한쪽 발에서 더 큰 소리가 난다.
☐ 신발이 항상 같은 부분이 닳는다.
☐ 바지가 항상 같은 부분이 닳는다.

자신의 평소 자세를 사진으로 찍어 바른 자세와 비교해 보는 것도 좋다. 어디가 잘못 되었는지 한눈에 확인할 수 있어 교정에 도움이 된다. 자세 교정만 해도 다이어트 효과를 볼 수 있다. 앉아 있거나 서 있을 때도 의식적으로 배에 힘을 주고 허리를 펴면 근육이 자극을 받아 신진대사가 활발해진다.

몸 상태는 운동하기에 무리가 없는가?

아무리 부담이 적은 걷기 운동이라도 몸에 이상이 있을 경우에는 오히려 건강을 해칠 수 있다. 다음 일곱 가지 항목 중 해당되는 내용이 있는지 체크해 본다.

☐ 식욕이 없거나 변비, 설사가 잦다.
☐ 무릎, 허리를 비롯한 관절 부분에 통증이 있다.
☐ 조금만 움직여도 숨이 많이 찬다.
☐ 운동을 하면 가슴 부위에 통증을 느낀다.
☐ 고혈압이나 당뇨 등 성인병이 있다.
☐ 운동 중 실신한 적이 있다.
☐ 기타 질환이나 정형외과적인 문제를 갖고 있다.

이 중 한 가지라도 해당된다면 전문의와의 상담이 필요하다. 운동을 시작한 뒤에도 위와 같은 증상이 나타나면 전문의와 상담해 운동을 계속할지 판단한다.

언제, 얼마나 걸어야 할까?

최고의 효과를 얻는 걷기 공식

건강에도 좋고 다이어트에도 좋은 걷기 운동. 그렇다면 언제, 어떻게, 얼마나 걸어야 효과적일까?
걷는 때와 시간 등 효율적인 운동 조건과 방법을 알아본다.
몇 가지만 지키면 최고의 효과를 볼 수 있다.

얼마나 걸어야 할까?

하루에 30분~1시간 정도 걷는다

걷기 운동의 효과는 횟수, 시간, 강도 순으로 높다. 강도가 다소 약해도 오래, 하루 반짝 오래 걷는 것보다 꾸준히 걸어야 효과가 더 크다.

초보자는 천천히 산책하는 수준에서 시작해 어느 정도 익숙해지면 본격적으로 빨리 걷기 시작한다. 체중 감량 효과를 보려면 약 6km/h 정도의 속도로 1시간씩 1주일에 4회 이상 걸어야 한다. 지방이 연소되는 시점에 대해서는 여러 가지 의견이 있지만, 적어도 20분 이상 운동을 해야 체중 감량 효과를 볼 수 있다는 것이 일반적이다. 같은 거리, 같은 시간을 운동하더라도 얼마나 빨리 걸었는지, 자세는 어땠는지, 길은 어떤 길이었는지에 따라 운동 효과가 달라질 수 있다.

하루에 1만 보씩, 1주일에 4회 걷기로 목표를 잡았는데 시간을 한꺼번에 낼 수 없다면 아침, 저녁 두 번에 걸쳐 40분씩 걷는다. 만약 두 번에 나누어서 걷기도 힘들다면 총 운동 시간을 30~40분으로 줄이는 대신 운동 횟수를 늘려 매일 걷는다. 앞에서도 보았듯이 시간이나 강도보다 횟수가 더 중요하기 때문이다. 정 시간이 안 된다면 20분씩 두 번에 나눠 걸어도 된다.

또한 기회가 생길 때마다 걷는다. 평소 승용차를 이용한다면 버스나 지하철로 바꾸기만 해도 걷는 시간이 크게 늘어난다. 엘리베이터 대신 계단을 이용하는 것도 좋은 방법이다.

매일 매일 꾸준히 걷는다

걷기 운동은 무엇보다 꾸준히 하는 것이 중요하다. 효율을 생각해 운동 시간을 매번 맞추려다 보면, 오히려 도중에 포기하게 될 수도 있다. 되도록 시간 날 때마다 틈틈이 걷는다는 생각으로 운동한다. 제일 편한 시간에 매일 꾸준히 걷는 것이 가장 효과적이다.

걷기 다이어트의 기본 수칙

- 승용차 대신 버스나 지하철을 탄다.
- 한 정거장 걸어가서 타고, 한 정거장 미리 내린다.
- 엘리베이터 대신 계단을 이용한다.
- 출근길과 퇴근길에 30분씩 걷는다.
- 3km 이내는 반드시 걸어간다.
- 약속 시간보다 일찍 도착해 근처를 가볍게 산보한다.

언제, 어떻게 걸어야 할까?

아침에는 운동 간도를 낮춘다

아침에 일어나 운동하는 버릇을 들이면 일찍 일어나는 생활습관이 자연스럽게 몸에 배어 가뿐하게 하루를 시작할 수 있다. 실제로 운동으로 하루를 시작하는 사람들은 일을 하는 데도 더 자신 있는 업무 태도를 보인다고 한다. 자율신경의 활동이 활발한 아침에 걷기 운동을 하면 온몸의 여러 신경이 자극되어 활기를 띠기 때문이다. 또 아침에 걷기 운동을 하다 보면 계속 고민해 오던 문제가 갑자기 풀리기도 하는데, 걷기가 뇌를 자극하는 효과가 있기 때문이다.

특히 운동하기 좋은 시간은 오전 10시다. 일어난 지 조금 지나 몸이 풀린 데다 아침에 먹은 음식이 어느 정도 소화되고, 신진대사도 활발한 때이기 때문이다. 이때 운동을 하면 기초대사율이 높아져 하루 종일 체지방이 연소되기 쉬워진다.

이처럼 아침에 하는 걷기 운동은 심폐 기능, 지구력, 근력을 향상시키고 뇌 건강에 좋으며 다이어트에도 효과적이다. 단, 몸이 덜 풀린 상태이기 때문에 평소보다 운동 강도를 낮춰서 해야 한다. 특히 기온이 낮은 가을, 겨울에는 반드시 준비 운동으로 근육과 관절을 충분히 풀어 줘야 부상 위험이 없다.

도시에서는 밤사이에 쌓인 대기오염 물질 때문에 마스크를 쓰는 것이 좋다. 알레르기, 천식 등의 호흡기질환이 있는 사람은 아침 운동을 피하는 것이 좋으며, 혈액순환이 원활하지 않은 고혈압, 뇌졸중, 심장병 환자도 주의해야 한다.

아침에 좋은 걷기 운동 ▶ 조금 빨리 걷기 30분

저녁에는 가벼운 근력운동을 함께 한다

햇볕이 뜨거운 여름이나 초가을에는 해가 살짝 진 초저녁에 운동을 하는 것이 좋다. 뜨거운 자외선을 피할 수 있고, 몸이 풀려 있어 운동 중에 다칠 위험도 적다. 특히 고혈압 환자는 아침 찬 공기를 맞으면서 운동하면 위험할 수 있으므로 저녁에 운동하는 것이 좋다.

저녁에는 근육을 만드는 호르몬이 많이 분비되어 운동 효율도 높아진다. 이때 근력 운동을 함께 하면 효과를 더 높일 수 있다. 또 저녁 7시 이후에 운동을 하면 부신피질호르몬과 갑상선자극호르몬의 양이 빠르게 늘어나는데, 이들 호르몬이 신진대사율을 높인다.

저녁에는 강도가 조금 높은 걷기로 그날 먹은 칼로리가 몸에 쌓이지 않도록 한다. 적어도 잠들기 1시간 전에 운동을 마쳐 몸에 젖산 등의 피로 물질이 쌓이는 것을 막는다.

저녁에 좋은 걷기 운동 ▶ 가벼운 근력 운동 10분 + 파워 워킹 50분

공복 시에는 30분만 걷는다

걷기 운동을 하면 에너지원으로 먼저 탄수화물을 쓴 뒤 지방을 쓴다. 공복 상태로 걸으면 몸속에 남아 있는 탄수화물이 적기 때문에 몸에 쌓인 지방이 빠르게 연소된다. 하지만 이때가 효율적이라고 해서 운동을 너무 오래 하면 어느 시점에서 근육도 같이 소모된다. 무게가 상대적으로 무거운 근육이 빠지면 당장은 체중이 줄고 살이 빠진 듯하지만, 장기적으로는 살이 쉽게 안 빠지는 체질이 될 수 있다. 우리 몸에 근육이 적으면 기초대사율이 떨어지고 에너지를 효율적으로 소비하지 못하기 때문이다. 따라서 공복 운동은 근육 손실을 막기 위해 30분 정도로 짧게 하는 것이 좋다.

또한 공복 운동 후 허기가 심해 바로 식사량을 늘리면 오히려 살이 더 찔 수 있다. 운동 전에 물이나 우유를 한 잔 마셔 지나치게 허기지지 않도록 한다.

공복 시에 좋은 걷기 운동 ▶ 땀이 살짝 날 정도의 파워 워킹 또는 인터벌 워킹 30분

식후에는 근력 운동을 강화한다

밥을 먹으면 혈액 속의 포도당이 일시적으로 늘어난다. 이때 인슐린이 포도당을 에너지로 바꾸는데, 에너지로 바뀌지 못하고 남은 포도당은 몸속에 지방으로 쌓인다. 따라서 식사를 끝내고 1시간 뒤에 유산소 운동을 하면 혈당을 줄이고, 포도당이 지방으로 쌓이는 것을 막을 수 있다. 식후 1~2시간 뒤에 근력 운동과 유산소 운동을 병행하면 효과가 가장 높다.

단, 자신의 몸 상태를 생각하지 않고 근력 운동을 무리하게 하면 역효과가 날 수 있다. 횟수나 강도를 적절히 분배해 강도가 높은 운동은 1주일에 3회, 가벼운 운동은 1주일에 5회 하는 식으로 조절한다.

식후에 좋은 걷기 운동 ▶ 식후 1~2시간 뒤 근력 운동 30분 + 파워 워킹 30분

걷기 전후, 이것만은 꼭!

준비와 마무리 운동은 필수

준비 운동과 마무리 운동은 온몸을 부드럽게 풀어 주고 근육의 온도를 높여 부상을 막는 효과가 있다.
1시간 정도 걸을 경우 본 운동 전에 준비 운동과 스트레칭을 5분씩 하고,
본 운동 후에 마무리 운동과 스트레칭을 5분씩 한다.

준비 운동

몸에 열을 내 부상을 막는다

준비 운동(워밍업)은 본 운동을 시작하기 전에 부상을 막기 위해 몸에 열을 내는 과정이다. 갑자기 본 운동을 시작하면 심장에 혈액이 원활히 공급되지 못하고 근육이나 관절에 많은 부담이 된다. 특히 가을, 겨울 등 기온이 낮은 날에는 근육이 긴장되어 있기 때문에 신경 써서 몸을 풀어 줘야 한다. 몸이 여느 때와 달리 무겁거나 컨디션이 좋지 않은 날도 마찬가지다. 준비 운동으로 가볍게 제자리 뛰기를 하거나 걷기를 한다.

준비 운동이 끝나면 스트레칭도 잊지 않는다. 발목, 무릎, 허리, 어깨, 목 등 관절 위주로 가볍게 몸을 풀어 관절이 움직일 수 있는 범위를 늘려 준다. 특히 발목의 관절은 부상 위험이 크므로 빼 놓지 않는다.

마무리 운동

맨손체조로 긴장된 근육을 푼다

걷기 운동이 끝나면 마무리 운동(쿨다운)으로 몸의 피로감을 덜어 준다. 운동이 끝나면 곧바로 앉아서 쉬는 사람이 많은데, 이는 오히려 몸에 상당한 부담을 준다. 운동 후에 갑자기 동작을 멈추거나 앉아 버리면 하체 쪽에 몰려 있던 혈액이 심장까지 잘 도달하지 못하기 때문이다. 그

결과 어지럼증과 구토, 일시적인 저혈압 등을 일으킬 수 있다.

이러한 상황을 막고 운동으로 인해 쌓인 피로 물질을 순환시키기 위해 운동이 거의 끝나 갈 무렵부터 천천히 속도를 줄여 걷는다. 그런 다음 맨손체조와 같이 전신 운동으로 긴장된 근육을 풀어 준다. 준비 운동 때와 마찬가지로 스트레칭으로 마무리한다.

걷기와 병행하면 요요 없이 살이 쏙!

효과 높이는 근력 운동과 식이요법

다이어트는 단순히 빨리 살을 빼는 것만으로는 의미가 없다.
요요현상 없는 진정한 다이어트에 성공하려면 건강한 식습관, 충분한 휴식, 적절한 운동 세 가지가
함께 이루어져야 한다. 다이어트 효과를 높이는 근력 운동과 식이요법을 알아본다.

서로 돕는 걷기와 근력 운동

걷기와 같은 유산소 운동은 몸 속의 지방을 에너지원으로 사용해 체지방 연소율이 높다. 반면 근력 운동은 짧은 시간에 근육을 주로 쓰는 고강도의 운동으로 에너지원을 탄수화물, 단백질, 지방 순으로 사용한다. 따라서 근력 운동은 유산소 운동과 같은 극적인 체지방 감량 효과는 없지만 근육의 양을 늘려 기초대사량을 높인다.

근력 운동을 한 다음 유산소 운동을 하면 운동 효율이 훨씬 높아진다. 근력 운동으로 몸이 지방을 태우기 좋게 변해 유산소 운동의 지방 소모율이 높아지기 때문이다. 단, 공복 시에 근력 운동을 하면 체내 단백질을 분해해 에너지원으로 사용하기 때문에 오히려 근육이 줄어든다. 또 식후 바로 운동을 하면 혈당이 쉽게 떨어지지 않아 효과가 적고 소화도 방해한다. 식후 1~2시간 뒤에 30분 정도 하는 것이 좋다.

운동을 하면 단순히 운동하는 시간에만 에너지 소모가 일어나는 것이 아니라 운동이 끝난 뒤에도 효과가 계속 이어진다. 예를 들어 아침에 운동을 하면 잠자리에 들기 전까지 24시간 동안 운동 효과가 지속된다. 하루 종일 신진대사가 활발히 이루어지고, 체지방이 연소되기 쉬운 상태가 이어지는 것이다.

걷기와 근력 운동을 병행할 때 기억해야 할 점

· 준비 운동 – 근력 운동 – 걷기 운동 – 스트레칭 순으로 운동한다.
· 근력 운동은 20~30분 한다.
· 근력 운동이 끝나면 바로 걷기 운동을 시작한다.
· 걷기 운동은 30~40분 한다.

운동만큼 중요한 식이요법

다이어트의 효과를 제대로 보려면 식이요법을 병행해야 한다. 식이요법은 먹는 양을 무조건 줄이는 것이 아니다. 한 끼를 건너뛰거나 최소 권장 섭취량에 못 미칠 정도로 지나치게 적게 먹으면 근육은 줄어들고 지방은 늘어나 오히려 살이 찌는 체질로 바뀐다. 섭취 칼로리가 너무 적으면 몸이 비상사태에 들어가 에너지를 비축하기 때문에 적게 먹어도 쉽게 체지방이 쌓이는 몸으로 변하는 것이다. 다이어트를 한 뒤 일반식으로 돌아가면 순식간에 요요현상이 오는 것이 바로 그 때문이다.

건강한 다이어트를 위한 칼로리 섭취량
- 20~29세 여자 성인의 1일 권장 섭취량 1000kcal
- 20~29세 여자 성인의 1일 최소 권장 섭취량 1300kcal
- 20~29세 남자 성인의 1일 권장 섭취량 2100kcal
- 20~29세 남자 성인의 1일 최소 권장 섭취량 1500kcal

다이어트는 한 달에 2kg 정도씩 줄여 나가는 것이 가장 무리가 없다. 건강한 다이어트를 위해서는 1일 권장 섭취량에서 약 500kcal를 운동으로 소모하거나 식이요법으로 줄여야 한다. 단, 최소 섭취 권장량보다 적은 양을 먹으면 근손실이 일어나 요요현상이 올 수 있다.

식이요법은 적게 먹기보다 똑똑하게 골라 먹어야 한다. 먼저 GI(glycemic index, 탄수화물을 섭취한 뒤 혈당이 오르는 정도)가 높은 음식은 되도록 피하는 것이 좋다. GI가 높으면 혈당 수치를 빠르게 올려 체지방이 쌓이기 쉬워진다. 튀김, 인스턴트식품, 밀가루 음식 등이 GI가 높은 대표 음식들이다.

또 배가 고프면 한꺼번에 과식할 수 있으므로 세끼를 꼭 챙겨 먹는다. 아침에는 식욕이 없다고 식사를 거르는 사람이 많은데, 아침을 굶으면 점심에 과식하기 쉽다. 저녁에는 신진대사가 떨어지고 활동량도 적기 때문에 음식물이 지방으로 저장되기 쉽다. 되도록 해가 지기 전에 가볍게 식사를 끝낸다.

세끼를 챙겨 먹는 것만큼 양을 비슷하게 먹는 것도 중요하다. 식사량이 불규칙하면 몸이 변화를 예측할 수 없어 음식물이 들어오면 일단 저축하려 들기 때문이다. 하루를 완전히 굶거나 한 끼에 몰아 먹는 습관은 오히려 살을 찌우는 습관이라고 할 수 있다.

식이요법에서 기억해야 할 점
- 하루 세끼를 챙겨 먹는다.
- 아침 : 점심 : 저녁 = 3.5 : 3.5 : 3의 비율로 먹는다.
- 가공식품, GI가 높은 음식을 피한다.

성공적인 다이어트를 위한 노하우

정체기와 유지기에 실패 없이 살아남기

다이어트를 하다 보면 살이 더 이상 빠지지 않는 정체기가 온다.
이때 흔들리면 그 동안의 노력이 물거품이 되고 만다. 또 다이어트 직후 유지기를 잘 보내지 못해도
실패를 맛보게 된다. 정체기와 유지기를 지혜롭게 넘기는 요령을 소개한다.

정체기

다이어트를 하다 보면 똑같이 하고 있
는데도 이유 없이 더 이상 살이 빠지지
않는 때가 온다. 이때를 정체기라고 한
다. 정체기는 다이어트에 꼭 필요한 과
정이다. 정체기 동안 우리의 몸이 새로
운 몸무게에 맞춰 다시 세팅되기 때문
이다. 조급해 하지 말고 운동과 식이요
법을 꾸준히 하면 어느 순간 다시 살이
빠지기 시작한다.

운동 강도를 높인다

걸을 때 덤벨을 들거나 모래주머니를 차서 무게를 더한다. 500mL짜리 물통에 물을 담아 양손
에 쥐고 걸어도 좋다.

운동 시간을 늘린다

걷는 코스를 바꿔서 운동 시간을 늘린다. 오래 걸으면 근력이 소진될 수 있으니 운동 후에는 탄
수화물을 꼭 섭취한다.

밥을 고구마나 닭가슴살로 바꾼다

같은 탄수화물 식품이라도 고구마나 감자는 GI가 낮아 혈당 수치를 천천히 올리고 포만감이 오래
지속된다. 특히 고구마는 식이섬유가 풍부해 다이어트 때 올 수 있는 변비를 막아 주는 장점도 있
다. 닭가슴살은 훌륭한 고단백 식품으로 간단하게 먹을 수 있는 통조림 제품을 이용하면 편하다.

무염식으로 식단을 짠다 .

먹고 싶은 만큼 먹을 수 있다고 해도 100% 무염 식단이라면 식욕이 줄어들게 마련이다. 먹는
양이 자연스레 줄고 체내 순환을 막는 나트륨도 줄어 몸이 가벼워진다.

이틀에 한 번 평소 먹던 양의 반만 먹는다

몸이 먹는 양에 익숙해지지 못하게 하는 방법이다. 반찬은 평소처럼 먹되 밥의 양을 반으로 줄인다. 허기가 느껴진다면 견과류 등의 간식을 조금 먹는다.

유지기

다이어트 기간이 끝나면 곧바로 예전 몸무게로 돌아가는 경우를 많이 보게 된다. 보상심리로 그동안 못 먹었던 음식을 마구 먹기 때문이다. 다이어트는 줄어든 몸무게를 1년 이상 유지해야 성공했다고 할 수 있다. 그만큼 안 좋은 습관이 돌아오기도 쉽고 빠진 살이 다시 찌기도 쉽다. 다이어트는 마라톤이다. 빨리 많이 빼는 것이 아니라 천천히 확실하게 빼고 잘 유지하는 것이 중요하다.

아침에 밥 대신 사과 하나를 먹는다

아침에 사과를 먹으면 풍부한 식이섬유가 몸속에 쌓여 있던 이물질, 소화 안 된 음식물 등을 대변으로 배출시켜 다이어트 때 걸리기 쉬운 변비를 예방한다. 또 위산 분비를 촉진해 다른 음식의 소화를 돕는다. 장에서 콜레스테롤이 흡수되는 것을 막는 펙틴이라는 성분은 사과를 먹은 지 4~5시간 뒤에 활성화되기 때문에 아침에 사과를 먹으면 점심과 저녁에 콜레스테롤이 몸에 쌓이는 것을 막을 수 있다.

배가 부를 때까지 먹지 않는다

우리가 먹는 것들 중 많이 먹어도 살이 안 찌는 것은 공기와 물밖에 없다. 배가 부르다는 것은 들어오는 영양분을 지방으로 저장하겠다는 신호이다. '채소니까 괜찮겠지, 점심이니까 괜찮겠지' 하지 말고 의식적으로 양을 조절한다.

고칼로리 음식은 낮에 먹는다

평생 동안 먹고 싶은 음식을 참을 수는 없다. 오늘 하루는 음식을 참았더라도 다음 날 스트레스로 돌아와 폭식을 하게 될 위험이 크다. 고칼로리 음식이 먹고 싶을 때는 기름진 부분을 최대한 떼고 먹거나 신진대사가 활발한 낮에 먹는다.

간식으로 생채소를 먹는다

식사와 식사 사이가 너무 길면 다음 식사 때 과식할 위험이 크다. 중간 중간 간식으로 생채소를 먹는다. 먹고 소화시키는 것도 에너지를 소비하는 활동이다. 먹는 것 자체에 너무 과민 반응하지 말고 몸에 좋은 음식을 조금씩, 자주 먹는다.

먹은 만큼 소비한다

그날 섭취한 칼로리는 그날 소비한다는 마음가짐을 갖는다. 운동을 매일 꾸준히 하면 좋겠지만, 그렇지 않다면 한 정거장 미리 내려서 걷거나 계단을 이용하는 등 평소 생활 속에서 좀 더 움직여 칼로리를 소비한다.

긴가민가 알쏭달쏭?

걷기에 대한 속설과 진실

걷기가 다이어트에 좋다고는 하지만 오래 걸으면 다리가 굵어진다든지,
종아리에 알이 생긴다든지 하는 이야기들이 있어 고민도 된다.
걷기 운동에 대해 알려진 이야기들은 정말일까? 진실을 파헤쳐 본다.

많이 걸으면 허리에 안 좋다?

No! 허리가 나빠지는 가장 큰 원인은 자세다. 나쁜 자세 때문에 허리에 무리가 오면서 근육통이 생길 수 있다. 원래 허리 근육이 약하거나 과체중인 사람에게도 요통이 올 수 있다. 허리 근육이 안 좋은 사람은 오히려 유산소 운동과 허리 근육 강화 운동을 꾸준히 해서 허리를 튼튼하게 만들어야 한다. 과체중인 사람 역시 허리는 물론 전체적으로 근력이 부족한 경우가 많다. 게다가 몸이 무거워 허리가 그 만큼의 무게를 더 많이 지탱해야 한다. 보통 체중이 1kg 증가하면 허리에는 5kg의 부담이 가해진다고 한다. 과체중인 사람들은 유산소 운동과 근력 운동으로 체중을 줄이면 자연스럽게 요통도 줄어드는 경우가 많다.

뼈가 약한 사람은 많이 걸으면 안 된다?

No! 움직이지 않고 내내 누워만 지내는 것이 뼈에 더 안 좋다. 걷기 운동을 하면 뼈와 관절이 자극을 받아 골다공증을 예방하고, 부족한 운동으로 손실된 뼈를 보충해 준다. 무조건 굶는 등 잘못된 다이어트 방법은 골다공증을 부추기므로 주의한다.

많이 걸으면 다리가 휜다?

No! 다리 모양이 바뀌는 것은 다리뼈가 휘었다기보다 대부분 고관절의 문제이다. 고관절에서 골반과 무릎 관절 사이를 이어 주는 대퇴골이 정상 위치에 있지 않고 안쪽 혹은 바깥쪽으로 돌아갔기 때문이다. 또는 발뼈가 변형되어도 다리가 휠 수 있다. 이는 여러 가지 요인이 있지만, 잘못된 자세가 원인인 경우가 많다. 바른 자세를 몸에 익히면 아무리 오래 걸어도 다리가 휘거나 모양이 변하지 않는다.

오래 걸으면 다리가 굵어진다?

No! 종아리 근육이 발달하기는 하지만 지방이 아니기 때문에 운동 후 마사지로 잘 풀어 주면 된다. 오히려 종아리 근육의 탄력을 높이고 지방을 줄여 매끈하고 균형 잡힌 다리를 만드는 데 도움이 된다.

걷기 다이어트를 하면 가슴이 처진다?

No! 빨리 걷거나 달리기를 해서 살을 빼면 중력이나 반동에 의해 가슴살이 빠지거나 살이 처진다는 이야기가 있다. 하지만 바른 자세로 걸으면 어깨부터 흉부까지 근육이 골고루 발달하여 오히려 균형 잡힌 몸매를 만들 수 있다. 가슴살이 빠지는 것은 걷기 때문이 아니라 가슴의 1/3이 지방으로 되어 있고 지방을 분해하는 수용체가 가슴에 가장 많이 분포되어 있어 원래부터 잘 빠지는 부위이기 때문이다. 살은 얼굴, 배, 가슴 순으로 빠진다. 이는 몸의 구성성분 때문이지 운동의 종류가 원인이 아니다. 걷기와 함께 간단한 근력 운동을 하면 살이 처지고 탄력이 떨어지는 것을 막을 수 있다.

30분 이상 걷지 않으면 소용이 없다?

No! 걷기와 같은 유산소 운동은 처음에는 주로 탄수화물을 에너지원으로 쓰다가 시간이 지나면서 에너지원이 지방으로 바뀐다. 시작한 뒤 약 1분 30초~4분 사이부터 지방이 조금씩 연소되기 시작하고, 20분이 지나면 탄수화물보다 지방의 사용량이 크게 늘어난다. 운동 시간이 길수록 지방 소모율이 높아지기 때문에 짧은 시간 걷는 것보다 오래 걷는 것이 효과가 높은 것은 사실이다. 하지만 중요한 것은 한 번에 얼마나 걷느냐가 아니라 자주 꾸준히 걷는 것이다.

무조건 오래 걸으면 살이 빠진다?

No! 아무리 오래 걸어도 천천히 걷는다면 다이어트 효과를 기대할 수 없다. 칼로리 소비도 적을 뿐더러 심박 수가 운동 강도의 기준이 되는 목표 심박 수까지 올라가지 못하기 때문이다. 같은 거리라도 파워 워킹을 하면 15~20분만 지나도 땀이 나면서 체내 지방이 연소되기 시작한다. 이왕 걷는다면 살짝 땀이 날 정도로 강도를 높여서 걷는다. 덤벨을 들고 걸으면 효과를 더 높일 수 있다. 단, 걷기 운동을 이제 막 시작한 사람이라면 처음에는 보통 속도로 시작해서 시간과 강도를 점점 높인다.

Part2

기본자세부터 배워 볼까?

걷기 운동의 준비와 기본기

아무리 열심히 걸어도 자세가 바르기 않으면 효과를 거두지 못할 뿐 아니라
오히려 건강을 해칠 수 있다. 기본기를 탄탄하게 익히고 시작해야 운동 효과가 크다.
필요한 준비물부터 바른 걸음걸이 자세와 준비 운동, 상황에 따라 달라지는
걷기 방법까지 걷기 운동이 기본기를 배워 본다.

먼저 목표와 운동 강도 찾기부터

내 몸에 딱 맞는 다이어트 처방전

사람마다 알맞은 운동 강도가 다르다. 걷기 운동을 본격적으로 시작하기 전에 먼저
자신의 기초대사량과 심박 수 등을 체크해 본다. 자신의 필요 칼로리와 몸에 딱 맞는 운동 방법을 찾으면
다이어트 성공 확률은 훨씬 더 높아진다.

기초대사량과 필요 칼로리 구하기

우리 몸은 움직이지 않고 가만히 있어도 에너지를 소비한다. 몸속에서 끊임없이 생명 활동을 하기 때문이다. 기초대사량은 이처럼 호흡하거나 심장을 움직이는 데 필요한 에너지다. 신진대사나 근육의 양 등에 따라 달라지기 때문에 사람마다 차이가 있는데, 일반적으로 남성은 체중 1kg당 1시간에 1kcal를 소모하고, 여성은 0.9kcal를 소모한다고 본다. 여기에 자신의 체중과 시간을 곱하면 자신이 하루에 소모하는 기초대사량을 알 수 있다.

1일 기초대사량 = 체중 × 시간 × 소모 칼로리
예 체중 70kg인 남성의 경우 : 70kg × 24시간 × 1kcal = 1,680kcal
　체중 50kg인 여성의 경우 : 50kg × 24시간 × 0.9kcal = 1,080kcal

기초대사량 외에 우리가 일상생활에서 움직이면서 소모하는 에너지를 활동대사량이라고 한다.
활동대사량은 활동 정도에 따라 다르다.

1일 활동대사량
아주 가벼운 활동 = 기초대사량 × 0.2
가벼운 활동 = 기초대사량 × 0.5
보통 활동 = 기초대사량 × 0.7
심한 활동 = 기초대사량 × 0.8
예 활동 정도가 보통인 50kg 여성의 경우 : 1,080kcal × 0.7 = 756kcal

그리고 기초대사량에 활동대사량을 더하면 자신이 하루 동안 소비하는 칼로리를 구할 수 있다.

1일 총 소비 칼로리 = 기초대사량 + 활동대사량
예 활동 정도가 보통인 50kg 여성의 경우 : 1,080kcal + 756kcal = 1,836kcal

기초대사량은 얼핏 생각하기에 얼마 되지 않을 것 같지만 하루에 소모되는 총에너지의 60~70%나 차지한다. 근육량이 줄어들고, 섭취 칼로리를 지나치게 제한하면 기초대사량이 떨

어지는데, 이는 몸을 보호하기 위해 우리 몸이 스스로 기초대사량을 낮춰 버리기 때문이다. 기초대사량이 낮아지면 조금만 먹어도 금세 지방으로 쌓이기 때문에 점점 살을 빼기 힘든 몸이 된다. 기초대사량을 낮추지 않고 한 달에 2~3kg씩 줄이는 것이 가장 좋으며, 성공적인 다이어트를 위해 다음 세 가지를 기억한다.

- 근력 운동으로 기초대사량을 높인다.
- 1일 총 소비 칼로리가 1일 총 섭취 칼로리보다 많아야 한다. 운동을 해 소비 칼로리를 500kcal 늘리거나 음식을 조절해 섭취 칼로리를 500kcal 줄인다.
- 같은 칼로리라도 단백질, 탄수화물, 지방, 미네랄 등 필수 영양소가 골고루 들어 있는 식품을 골라 먹는다.

몸무게보다 중요한 치수 재기

다이어트에서 목표로 삼아야 할 것은 몸무게가 아니라 치수와 근육량이다. 근육이 지방보다 무겁기 때문에 몸무게가 같다면 근육이 많은 사람이 지방이 많은 사람보다 더 날씬하다. 운동을 열심히 했는데 몸무게가 줄어들지 않을 수도 있다. 지방이 빠져나가고 그 자리를 더 무거운 근육이 채웠기 때문이다. 근육량이 늘었는데 몸무게가 그대로라면 치수는 줄었다는 뜻이다.

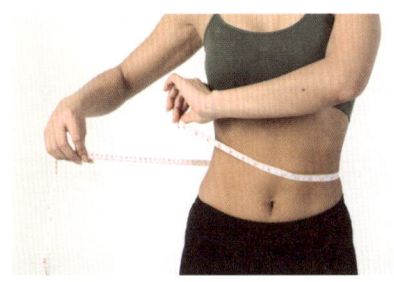

반면 몸무게가 줄었다고 해서 무조건 좋아해서도 안 된다. 운동을 하지 않고 굶어서 뺀 살은 지방이 아니라 몸에 필요한 체내 수분과 단백질, 미네랄이나. 다시 말해 기초대사량과 비례하는 근육이 빠진 것이다.

몸무게에 연연해 하지 말고 몸의 치수를 잰다. 팔뚝, 허리, 허벅지, 엉덩이, 종아리 등 잴 부분을 정하고 둘레를 줄자로 재서 변해 가는 모습을 비교한다. 몸무게와 마찬가지로 몸의 치수도 수시로 변한다. 항상 같은 조건에서 재야 정확하다. 정해진 시간에 정해진 방법으로 재면 오차를 줄일 수 있다. 다음과 같은 방법으로 몸무게와 치수를 재면 좋다.

- 목표 체중과 치수를 정한다. 마음속으로만 정하지 말고 크게 적어서 벽에 붙여 두거나 자주 보는 수첩에 적어 두면 효과적이다.
- 1주일에 한 번 요일을 정해 아침에 일어나자마자 화장실을 다녀와서 몸무게를 잰다.
- 줄자로 허벅지둘레와 허리둘레를 잰다. 1주일마다 모든 부위의 치수를 재기는 번거롭다. 다이어트를 잘 하고 있는지 그렇지 않은지 허벅지둘레와 허리둘레만 재도 어느 정도 알 수 있다.

준비가 반이다
필요한 준비물과 고르는 요령

걷기 운동은 특별한 준비물이 필요하지 않다. 잘 맞는 운동화와 운동복,
여기에 갈증을 풀어 줄 물 정도만 있으면 시작할 수 있다.
필요한 준비물을 체크하고 고르는 요령도 살펴본다.

꼭 필요한 준비물

운동화

걸을 때 제일 중요한 것이 바로 신발이다. 발에 맞는 편한 신발을 신어야 바른 걸음걸이를 유지
할 수 있고 몸에도 무리가 가지 않는다. 신발을 살 때 디자인과 기능만 보고 정작 자신의 발 모
양과 크기에 잘 맞는지는 제대로 확인하지 않는 경우가 많은데, 걷기 운동은 발에 계속 부담이
가기 때문에 발에 잘 맞는 운동화를 고르는 것이 제일 중요하다는 것을 명심한다.

통풍이 잘 되는 소재를 고른다.
통기성이 좋지 않은 신발을 오
래 신고 다니면 발 건강에 좋지
않을 뿐 아니라 발 냄새가 심해
질 수 있다. 특히 여름에는 공기
가 잘 통하는 소재를 고르는 것
이 매우 중요하다.

밑창이 충격을 흡수하는 소재인지 확인
한다. 오래 걷고 발 전체에 하중이 고루
분산되는 운동이기 때문에 신발 바닥이
충격을 잘 흡수해야 한다.

발등 부분이 부드럽고
잘 구부러져야 오랜 시간
걷거나 서 있어도 불편
하지 않다.

신발의 볼이 발가락과 발의
볼을 압박하지 않아야 한다.

발끝에 1cm 정도의 여유가 있는 것이
좋다. 신발을 신었을 때 제일 긴 발가락
이 움직여지는지 확인한다.

굽은 2~3cm가 적당하다. 굽이 너무 낮아도 발이나 발
목이 아플 수 있다. 앞뒤의 굽 높이 차이가 심하지 않
은 것을 골라야 걸을 때 무리가 없다.

딱 맞는 신발을 산다

신발이 작아 발이 꽉 끼이면 신발이 늘어나는 게 아니라 발이 신발의 모양을 따라간다. 또 큰 신발은 발을 안정적으로 받쳐 주지 못해 운동할 때 부상의 원인이 될 수 있다. 자신의 발에 딱 맞는 신발은 신자마자 편안하다. 앞뒤 길이만큼 볼이 편안하게 맞는지 꼭 신어 보고 확인한다.

손가락이 들어가는지 확인한다

걷다 보면 신발 속에서 발이 밀리기 때문에 발이 움직일 공간이 필요하다. 가장 긴 발가락과 신발 끝 사이에 손가락 하나가 들어갈 만큼의 공간이 있고, 발의 볼이 신발의 가장 넓은 부분에 편안하게 늘어가는 것을 고른다.

끈을 묶은 상태에서 편안한지 확인한다

워킹화는 반드시 끈을 제대로 묶고 신어 보아야 한다. 매장에서 신었을 때는 얼추 맞는 것 같았는데 끈을 묶고 나니 발이 불편할 수 있다. 꽉 조였을 때, 어느 정도 느슨하게 조였을 때 등 다양하게 묶어 보고 그 상태에서 발가락이 편안하게 움직이는지 확인한다.

양말을 신고 신어 본다

맨발로 신반을 신었을 때와 양말을 신고 신었을 때 착용감이나 크기가 달라진다. 맨발이나 스타킹을 신었을 경우에는 따로 면양말을 준비해 가거나 매장에 요구해 양말을 신고 신어 본다.

양쪽 모두 신고 걸어 본다

대부분 양쪽 발의 크기가 같지 않다. 한쪽은 맞아도 다른 한쪽이 불편할 수 있으므로 반드시 양쪽 모두 신어 봐야 한다. 또 앉아서 신어 보지만 말고, 신고 일어나서 걸어 본다.

저녁에 산다

오후가 되면 발이 붓기 때문에 아침에 꼭 맞던 신발이 저녁에는 작게 느껴질 수 있다. 발이 부은 상태인 저녁에 사야 편하게 신을 수 있다.

매 번 신어 보고 고른다

발의 모양은 해마다 변한다. 신발도 브랜드, 모델마다 크기가 조금씩 다르다. 치수를 알고 있더라도 살 때마다 직접 신어 본다.

가벼운 신발을 고른다

운동 효과를 높이려고 지나치게 무거운 신발을 신으면 오히려 무리가 갈 수 있다.

물

물 한 잔이 우리 몸에 제대로 흡수되기까지는 약 20분이 걸린다. 그렇기 때문에 운동을 하기 전에 미리 미지근한 물을 한 잔 마시는 것이 좋다.

또한 1시간 이상 오래 걷거나 여름같이 더운 날에는 반드시 틈틈이 수분을 보충해야 한다. 갈증을 오래 참으면 수분 부족으로 신진대사가 느려져 운동 효과가 떨어지고 몸도 쉽게 피로해진다. 게다가 수분은 근육 속의 피로 물질을 몸 밖으로 배출해 오랜 운동 후에 오는 근육통을 막는 효과도 있다.

운동복

땀이 잘 마르고 통기성이 좋은 편한 옷을 고른다. 특히 소재나 디자인이 움직이는 데 불편하지 않아야 한다. 바지는 허벅지 사이의 쓸림으로 인한 마찰이 적고 땀이 차지 않는 기능성 소재가 좋다. 웃옷 역시 팔을 앞뒤로 계속 움직여야 하기 때문에 입었을 때 편안하고 팔의 움직임이 자유로워야 한다.

쌀쌀한 날에는 두꺼운 옷보다 입고 벗기 편한 옷을 여러 겹 입는 것이 체온을 조절하기 쉽다. 두꺼운 옷을 입으면 움직이기도 어렵고 땀이 나서 오히려 열을 빼앗긴다. 청바지 등 땀이 배이면 무거워지는 데님 소재도 피한다.

양말

땀을 잘 흡수하는 면양말이 좋다. 하지만 면양말보다 더 좋은 것은 순모로 된 털양말이다. 털양말은 두껍고 폭신폭신해 발에 오는 충격을 완화시키고, 발에 탄력성을 더해 더 오래 걸을 수 있게 한다.

한편 젖은 양말을 오래 신으면 발에 물집이 생기기 쉽다. 비가 자주 오고 땀이 많이 나는 여름에는 여벌의 양말을 준비한다.

속옷

여성은 운동할 때 속옷도 잘 입어야 한다. 일반 브래지어의 경우 움직이다 보면 딱딱한 와이어 때문에 상처가 날 수 있다. 기능성 소재의 스포츠브래지어를 입으면 땀 흡수도 잘 되고 거치적거리지 않아 운동하기 좋다. 브래지어가 붙어 있는 톱도 편하다.

모자

여름에는 태양으로부터 눈과 피부를 보호하고, 겨울에는 체온을 유지한다. 여름용 모자는 자외선을 차단할 수 있도록 챙이 넓고 땀 흡수가 잘 되는 소재를 고르고, 겨울용은 머리와 목을 따뜻하게 감싸줄 수 있는 털이나 기모 등 방한용 소재를 고른다. 열 손실을 막기 위해 목이나 얼굴을 덮는 모양이 좋다.

마스크

추운 겨울철이나 봄의 황사 때 마스크가 있으면 편하다. 아웃도어용
마스크는 흘러내리지 않고 자외선도 차단해 줘 편하다.

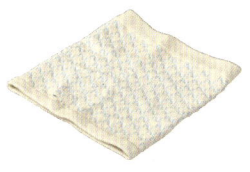

자외선차단제

계절에 상관없이 자외선차단제는 기본이다. 피부를 위해서라면 일상생활에서
쓰는 기초 화장품, 메이크업 제품도 자외선 차단 기능이 있는 것을 사용하
는 것이 좋다. 헬스클럽에서 운동을 한다고 해도 자외선차단제는 꼭 바른
다. 실내 자외선도 무시할 수 없기 때문이다.
운동을 하고 돌아오면 자외선차단제만 발랐더라도 전용 세안제로 꼼꼼히
세안한다.

있으면 좋은 준비물

음악

신나는 음악, 템포가 빠른 음악을 들으면 저절로 신이 나 발걸음도 빨
라지고 피곤함을 덜 느낀다. 단, 도로나 자전거가 함께 다니는 길에서
는 음악 소리 때문에 주위 소리를 듣지 못할 수 있으므로 음량을 너무 높
이지 않는다.

간식

고구마나 초콜릿 등 영양을 보충하거나 중간 중간 허기를 달랠 간단한
간식을 준비하면 좋다. 특히 2시간 이상 야외에서 걷거나 가벼운 산행을
할 때는 반드시 준비한다. 장시간의 운동으로 오는 피로를 줄이고, 운동
후 허기로 인한 과식도 막을 수 있다.

가방

간식이나 물통을 넣기 위해 허리에 차거나 어깨에 메는 가방을 준비한다.

강도를 높이는 준비물

덤벨·모래주머니

같은 장소, 같은 시간, 같은 거리라도 덤벨을 들거나 모래주머니를 대고 걸으면
쉽게 운동 강도를 높일 수 있다. 단, 몸이 아프거나 약한 사람, 비만인 사람은
역효과가 날 수 있으므로 운동이 어느 정도 익숙해진 다음에 시도한다. 덤벨
없이 손을 가볍게 말아 쥐고 걸어도 운동 강도를 높이는 데 도움이 된다.

올바른 걷기 자세 1

나쁜 자세 교정하기

좋은 자세를 익히기 전에 먼저 안 좋은 자세를 고치는 것이 중요하다.
자세가 바르지 않으면 보기에도 좋지 않을 뿐더러 요통, 근육통 등의 원인이 된다.
자신의 걸음걸이를 체크하고 바른 걸음걸이를 몸에 익히자.

구부정하게 걷는다

가장 흔히 볼 수 있는 나쁜 자세다. 이런 자세로 걸으면 등이 굽고 어깨가 앞으로 당겨져 어깨, 목, 등이 아프다. 또 배에 힘이 들어가지 않아 전체적으로 몸매가 미워진다. 구부정한 걷기는 습관이 들면 교정하기가 쉽지 않으니 특히 주의해야 한다.

이렇게 교정하세요 ▶ 근육의 긴장을 풀고 어깨를 뒤로 젖힌다. 걷는 동안 고개가 아래로 처지지 않도록 10~15cm 앞을 바라보는 연습을 한다.

엉덩이를 흔들며 뒤뚱뒤뚱 걷는다

유난히 다른 사람과 많이 부딪힌다면 자신의 걸음걸이를 한번 의심해 볼 필요가 있다. 특히 하이힐을 신는 여성들 중에 이런 오리걸음이 많다. 이런 자세로 오래 걷다 보면 허리디스크가 생길 수 있다.

이렇게 교정하세요 ▶ 이런 자세로 걷는 사람들은 자기도 모르게 턱이 올라간 경우가 많다. 의식적으로 턱을 당겨 정면으로 향하게 하고 걷는다. 또한 가슴을 펴고 허리를 조금 앞으로 내민 듯한 느낌으로 걷는다. 자세 교정을 할 때는 편안한 신발을 신는 것이 도움이 된다.

아랫배를 내밀고 걷는다

덩치가 있거나 나이가 든 사람들에게서 많이 보이는 걸음걸이다. 좋게 보면 여유 있어 보이지만, 자칫 게으르고 무기력해 보일 수 있다. 골반에 무리를 줄 수 있고 팔자걸음으로 변하기 쉽다.

이렇게 교정하세요 ▶ 아랫배에 힘을 줘 집어넣고 발끝을 모아 걷는 것이 자세 교정에 효과적이다. 아랫배를 넣으려다 반대로 등이 구부정해지지 않도록 주의한다.

이마나 턱을 내밀고 걷는다

이마나 턱을 유난히 내밀고 걷는 사람이 있다. 이렇게 걸으면 목이 굽으면서 몸도 같이 구부정해진다. 뒷목에 통증이 오기도 한다. 턱이 앞으로 나와 있더라도 가슴을 활짝 편 자세는 그나마 괜찮다. 가슴을 웅크리거나 몸은 뒤로 가고 턱만 앞으로 나온 자세는 목뼈에 무리를 준다. 심할 경우에는 목뼈가 휠 수도 있다.

이렇게 교정하세요 ▶ '차려' 자세에서 턱을 당기고 가슴을 편 채 걷는 연습을 꾸준히 한다. 또 평소 앉아 있는 자세에서 등을 의자에 똑바로 붙이고 양손 엄지로 10초간 턱을 밀어 넣는 동작을 자주 한다. 예전에 많이 쓰던 방법으로 머리 위에 책을 얹고 걷는 연습을 해도 효과를 볼 수 있다.

가슴을 내밀고 걷는다

모델처럼 가슴을 내밀고 상체를 뒤로 젖혀서 양쪽 다리를 교차하듯이 걷는 자세. 이 자세는 중심이 뒤로 쏠려 안정감이 떨어진다. 또 어깨에 힘이 들어가기 때문에 조금 오래 걸으면 어깨가 아프다. 척추가 휘어 있고 가방을 주로 한쪽 어깨에만 메는 사람에게서 많이 보이는 걸음걸이다.

이렇게 교정하세요 ▶ 아랫배를 살짝 누르면서 몸의 중심선을 자연스럽게 편다. 어깨를 바르게 펴고 무릎 사이도 살짝 떨어뜨려 걷는다. 생활습관도 같이 고치면 좋다. 가방을 번갈아 매거나 아예 양어깨에 매는 타입 또는 손에 드는 타입을 고른다. 잘 때도 되도록 한쪽으로 누워 자지 않는다. 천장을 보고 똑바로 눕거나 옆으로 눕더라도 번갈아 눕는다.

✦ 자세 교정 간단 스트레칭

1 굽이 조금 있는 신발을 신거나 살짝 까치발을 하고 벽에 등을 대고 선다.
2 허리에 손바닥이 들어갈 정도의 틈을 남기고 온몸을 벽에 붙인다.
3 아랫배를 집어넣고 양팔의 팔꿈치를 벽에 붙인다.
4 그대로 5분 이상 유지한다. 이 자세를 틈날 때마다 반복한다.

바른 자세 익히기

걷기 운동을 하면서 가장 신경 써야 할 것이 걷는 자세다.
몸에 밴 자세를 교정하는 것이 처음에는 불편할 수 있다.
바른 자세가 몸에 익을 때까지 바른 자세 사진과 자신의 자세를 비교하며 걷는다.

턱을 당기고, 시선은 전방 5~6m

턱을 가슴 쪽으로 자연스럽게 당기고 어깨는 힘을 빼 쭉 편다. 시선은
5~6m 앞을 자연스럽게 보는데, 이때 얼굴을 조금 들면 어깨결림을
막을 수 있다.

어깨는 수평으로

어깨가 한쪽으로 기울지 않았는지 거울로 확인
하고 좌우 수평을 유지한다.

가슴 · 배 · 허리를 곧게

가슴과 어깨를 펴고 배를 최대한 등 쪽으로 당겨 복근에 힘을 준다.
허리도 척추를 바로 세운다는 느낌으로 곧게 편다. 걸을 때는 단순
히 다리만 앞으로 옮기는 것이 아니라 허리를 내밀 듯이 몸을 앞으
로 움직이면서 몸의 중심을 앞쪽으로 옮긴다. 이때 지나치게 상체
를 뒤로 젖히고 걸으면 요통의 원인이 될 수 있으므로 주의한다.
또 무릎 안쪽이 서로 스치면서 걸어야 팔자걸음, 안짱걸음 등을
막을 수 있다. 엉덩이에 의식적으로 힘을 주어 걸으면 힙 업 효과
를 노릴 수 있다.

손과 팔은 자연스럽게

손은 주머니에 넣지 말고 가볍게 주먹을 쥐거나 달걀을 쥐듯 말
아 쥔다. 양팔은 몸에 자연스럽게 붙이고 팔의 각도는 앞뒤로
90도를 유지하면서 지나치게 힘을 주지 말고 팔이 옆구리
를 스칠 정도로만 가볍게 흔든다. 팔의 각도에 따라
운동 강도도 달라지는데, 각도가 좁아질수록 운동
강도도 높아진다. 그날 자신의 컨디션에 맞게 조절
한다.

걸을 때는 발뒤꿈치부터 11자로

걸을 때는 발뒤꿈치부터 땅을 디뎌 발 앞쪽으로 중심을 옮긴다. 이때 새끼발가락부터 넷째 발가락, 가운데 발가락 순서로 힘을 싣고 마지막에 엄지발가락으로 땅을 찬다. 흔히 하듯이 발바닥 전체로 내딛으면 피로가 쉽게 오고 발에 통증을 느끼기 쉽다. 이렇게 발을 내딛어야 몸이 받는 충격을 최대한 줄일 수 있다.

또한 양쪽 발이 11자가 되도록 걷는다. 흔히 팔자걸음이라고 하는 걸음걸이는 발목과 척추에 무리가 올 수 있다.

다리의 뒤쪽 무릎을 편다는 느낌으로 걸으면 다리 뒤쪽의 근육을 자극할 수 있다. 안쪽 허벅지에 힘을 주며 걷는 것도 바른 자세를 유지하는 데 도움이 된다.

호흡은 복식 호흡으로

걷기 운동 중에 복식 호흡을 하면 흉식 호흡을 할 때보다 칼로리가 두 배 이상 많이 소모된다. 하지만 실제로 걷는 속도가 빨라지면 복식 호흡에 집중하기 힘들 수 있다. 너무 힘들면 호흡을 평소대로 자연스럽게 유지한다. 운동할 때가 아니라도 평소에 복식 호흡을 자주 하면 다이어트 효과를 볼 수 있다.

복식 호흡 방법

1 숨을 들이마실 때는 가슴을 움직이지 말고 코로 천천히 숨을 들이마시면서 배를 부풀린다.

2 더 이상 들이마실 수 없을 때까지 들이마셨으면 숨을 참고 멈춘다.

3 내쉴 때도 어깨와 가슴은 움직이지 말고 배를 천천히 등 쪽으로 집어넣으면서 입으로 숨을 뱉는다.

tip 익숙해질 때까지 배에 손을 대고 배가 들어갔다 나왔다 하는 것을 확인한다.

걷기 운동 step by step

걷기는 보통 강도와 속도에 따라 네 가지로 나뉜다.
소비 칼로리가 두세 배 차이 날 만큼 각각의 방법과 효과가 다르다.
낮은 강도부터 시작해 점차 강도를 높이면 무리 없이 효과적으로 운동할 수 있다.

✖ 초보자는 이렇게…

걷기 운동을 처음 시작하는 초보자는 운동 강도 30~40%로 가볍게 걷다가 점차 강도를 높여 50~70%인 빨리 걷기, 70% 이상인 파워 워킹으로 넘어간다. 적절한 강도를 유지하면서 걷는 것이 중요하며, 심장과 폐에 자극을 줄 수 있도록 팔을 크게 흔들면서 되도록 빠르고 리드미컬하게 걷는다. 강도에 상관없이 한 번에 30~40분 이상, 1주일에 4회 이상 걸어야 운동 효과를 제대로 볼 수 있다.

step1 천천히 걷기

처음에는 천천히 걷기로 가볍게 시작한다. 몸을 데운다는 느낌으로 속도보다 자세에 신경 쓰면서 걷는다. 허리를 펴서 배를 등쪽으로 당기고, 발이 땅에 발뒤꿈치부터 발바닥, 발가락 순으로 닿는 느낌에 집중한다. 팔은 자연스럽게 흔든다. 칼로리 소모율은 낮지만 누구나 할 수 있어 운동 초보자, 고도비만자, 노인에게 적합하다.

천천히 걷기(완보)▶
강도 : 최대 심박 수의 20 ~ 40%
속도 : 시속 3 ~ 3.5km
소비 칼로리 : 분당 2kcal

step2 보통 걷기

기본자세를 유지하면서 산보하듯이 걷는다. 발바닥이 땅에 닿을 때 발바닥으로 땅을 가볍게 미는 느낌으로 걷고, 팔과 어깨는 자연스럽게 흔든다. 속도가 느려 강도는 낮지만, 학교나 직장에 갈 때 등 일상에서 실천하기 좋다. 평소 꾸준히 걸으면서 운동량을 점차 늘려 간다. 운동 초보자, 노인, 중장년층에게 적합하다.

산책 걷기(산보)▶
강도 : 최대 심박 수의 40 ~ 60%
속도 : 시속 3.5 ~ 4km
소비 칼로리 : 분당 3kcal

step3 빨리 걷기

기본자세를 유지한 상태로 속도를 높여 걷는다. 양팔을 앞뒤로 가볍게 흔들며 옆 사람과 이야기를 나눌 수 있을 정도의 속도를 유지한다. 속도를 높이기는 했지만 운동이라고 하기에는 조금 부족한 단계로 고도비만자, 과체중인 사람, 보통 사람 모두에게 적합하다.

빠르게 걷기(속보)▶
강도 : 최대 심박 수의 50 ~ 70%
속도 : 시속 5 ~ 5.5km
소비 칼로리 : 분당 3.5kcal

급하게 걷기(급보)▶
강도 : 최대 심박 수의 60%
속도 : 시속 6 ~ 7km
소비 칼로리 : 분당 4.5kcal

step4 파워 워킹

기본자세를 유지한 상태로 빨리 걷기보다 팔을 앞뒤로 힘차게 흔들며 보폭을 넓힌다. 팔꿈치와 팔의 각도는 항상 90도를 유지하고 주먹을 가슴 높이까지 올렸다 내린다. 다리는 무릎과 종아리가 굽혀지지 않도록 최대한 일직선으로 뻗어 땅을 내딛는다. 걷는 내내 숨이 찰 정도의 속도를 유지한다. 칼로리 소모율과 체지방 분해율이 높아 운동에 어느 정도 익숙한 사람, 과체중인 사람, 보통 사람에게 적합하다.

힘차게 걷기(강보)▶
강도 : 최대 심박 수의 70% 이상
속도 : 시속 7 ~ 8km
소비 칼로리 : 분당 7.5kcal

step5 인터벌 워킹

강도가 높은 파워 워킹 사이에 휴식시간을 두고 운동을 반복하는 방법. 파워 워킹으로 심박 수를 높인 뒤 천천히 걷기로 잠깐의 휴식을 갖고 다시 파워 워킹을 한다. 보통 파워 워킹 10분 - 천천히 걷기 1분 - 파워 워킹 10분 - 천천히 걷기 1분을 2~3세트 반복한다. 초시계나 스마트폰 어플리케이션, 러닝머신을 사용하면 시간을 보다 정확하게 잴 수 있다.

낮은 강도의 운동과 높은 강도의 운동의 장점을 취합한 인터벌 워킹은 단시간에 많은 칼로리를 소모할 수 있어 직장인들에게 좋다. 파워 워킹과 비교했을 때도 같은 시간 운동했을 경우 약 두 배의 칼로리 소모가 가능하다. 단, 그만큼 운동 강도가 높으니 운동에 어느 정도 익숙해진 뒤에 하는 것이 좋다.

몸을 데우고 운동 효과를 높인다

5분 준비 운동

준비 운동은 운동 전, 몸에 열을 내는 과정으로 워밍업(warming-up)이라고도 한다.
부상을 막고 운동 효율을 높이는 효과가 있다.
3~5분으로 간단하게 끝낸다.

준비 운동의 효과
- 체온이 올라가 유연성이 좋아진다.
- 본 운동의 효과를 높인다.
- 혈액량이 늘어 혈액순환이 좋아진다.
- 심장마비 위험과 운동으로 인한 부상을 줄인다.

· 가볍게 뛰면서 양팔을 수평이 되게 벌렸다가
내리고, 다시 머리 위로 올려 손바닥을 마주치
고 내린다. 20회 한다.

· 가볍게 뛰면서 손목을 턴다.

• 가볍게 뛰면서 양팔을 벌렸다가 손바닥을 마주친다.

• 가볍게 뛰면서 한쪽 발을 뒤로 엉덩이 높이까지 올렸다가 발끝에 힘을 주어 앞으로 찬다. 반대쪽도 똑같이 한다.

• 가볍게 뛰면서 한쪽 무릎을 가슴에 닿도록 끌어올린다. 반대쪽도 똑같이 한다.

• 오른쪽 무릎을 들고 몸을 오른쪽으로 튼다. 반대쪽도 똑같이 한다.

근육통을 막고 피로를 푼다

5분 마무리 운동

쿨다운(cool-down)이라고도 하는 마무리 운동은 팔다리에 몰려 있던 혈액을
천천히 심장으로 돌려보내는 역할을 한다. 피로가 빨리 풀리도록 돕고 근육통도 막는다.
본 운동의 50% 강도로 5~10분간 한다.

마무리 운동의 효과
- 피로 물질을 배출하여 근육통을 막는다.
- 근육 파열 등의 부상을 막는다.
- 운동 부위로 몰린 혈액을 심장으로 되돌린다.
- 고혈압, 어지럼증을 막는다.
- 혈중 흥분성 호르몬을 정상 수준으로 조절한다.

- 똑바로 서서 손을 무릎에 올린다. 하나, 둘에 무릎을 굽히고 셋, 넷에 편다. 4회 반복한다.

- 무릎을 가볍게 굽히고 무릎 위에 손을 얹어 좌우 2회씩 천천히 돌린다.

- 똑바로 서서 허리에 손을 얹고 한쪽 다리로 공을 차듯이 발목을 흔든다. 좌우 2회씩 한다.

• 양발을 어깨 너비로 벌리고 서서 허리에 손을 얹고 허리를 천천히 큰 원을 그리듯이 돌린다. 좌우 4회씩 한다.

• 양발을 어깨 너비보다 조금 더 벌리고 서서 상체와 팔을 천천히 내려 머리가 무릎에 닿도록 숙인다. 상체를 일으켜 허리에 손을 대고 뒤로 젖힌다. 좌우 2회씩 한다.

• 똑바로 서서 한쪽 무릎을 감싸 안듯이 가슴 쪽으로 당긴다. 당긴 다리를 뒤로 굽혀 발목을 잡고 발뒤꿈치가 엉덩이에 닿도록 당긴다. 좌우 2회씩 한다.

• 똑바로 서서 양손을 크게 돌리며 심호흡을 4회 한다.

• 무릎을 세우고 앉아서 한쪽 다리를 옆으로 뻗는다. 발끝을 잡아 몸 쪽으로 당겨 누르며 상체를 숙인다. 좌우 2회씩 한다.

온몸을 부드럽게 풀어 준다
5분 스트레칭

관절을 풀고 온몸을 부드럽게 한다. 준비 운동과 마무리 운동 뒤에 하며, 추운 날이나
몸이 무거운 날에는 시간을 좀 더 들여 몸을 충분히 풀어 준다. 너무 오래 하면 본 운동 때
근육이 충분히 수축되지 않아 운동 효율이 떨어지거나 다칠 수 있으니 주의한다.

스트레칭의 효과
- 체온이 올라가고 관절을 풀어 유연성이 좋아진다.
- 근육 통증을 완화시키고 부상을 예방한다.
- 운동 후 올 수 있는 부기를 뺀다.
- 혈액순환을 돕고 스트레스를 푼다.

준비 운동에 좋은 돌리기 스트레칭

- 똑바로 서서 발목의 힘을 빼고 발등을 늘이면서 발목을 돌린다. 바깥쪽과 안쪽, 양방향으로 돌리기를 좌우 2회씩 한다.

- 무릎을 가볍게 굽히고 무릎에 손을 얹어 좌우 2회씩 천천히 돌린다.

· 양팔을 벌려 주먹을 쥐고 손목을 안쪽으로 10회, 바깥쪽으로 10회 돌린다.

· 어깨를 앞으로 10회, 뒤로 10회 크게 원을 그리며 돌린다.

· 똑바로 서서 목을 오른쪽으로 10회, 왼쪽으로 10회 돌린다.

마무리 운동에 좋은 늘이기 스트레칭

· 오른손을 벽에 대고 서서 왼손으로 왼쪽 발목을 잡고 발뒤꿈치가 엉덩이에 닿도록 당긴다. 허벅지 앞쪽이 늘어나는 것을 느낄 수 있다. 반대쪽도 똑같이 한다.

· 양발을 벌리고 무릎을 'ㄱ'자로 굽힌다. 양손으로 무릎을 잡고 오른쪽으로 몸을 틀며 왼쪽 무릎을 뒤로 민 채 10초 동안 유지한다. 좌우 번갈아 한다.

• 계단에 발끝을 올려놓고 뒤꿈치를 밑으로 누른다. 그대로 5~7초 유지한다.

• 똑바로 서서 한쪽 손으로 머리를 가볍게 당긴다. 반대쪽 손목은 'ㄱ'자로 꺾는다. 좌우 2회씩 한다.

• 똑바로 서서 한쪽 팔로 반대쪽 팔을 감아 가슴 쪽으로 당긴다. 좌우 2회씩 한다.

• 양손을 깍지 껴서 팔을 위로 쭉 뻗은 다음, 상체를 천천히 옆으로 숙여 옆구리를 늘인다. 좌우 2회씩 한다.

• 발을 앞뒤로 벌리고 서서 앞으로 내민 쪽 무릎에 손을 얹고 상체를 바닥과 수평이 되게 앞으로 밀듯이 내민다. 뒷발의 뒤꿈치가 땅에서 떨어지지 않도록 한다. 좌우 2회씩 한다.

 **집에서도 틈틈이, 하체 스트레칭**

1 누워서 엉덩이를 벽에 바짝 붙이고 다리를 올려 'ㄴ'자가 되게 한다. 그 상태에서 다리를 최대한 벌려 허벅지 안쪽이 당기는 느낌이 날 때까지 10초 정도 버텼다가 다시 모은다. 10회 반복한다.

2 누워서 왼쪽 다리의 복숭아뼈를 오른쪽 무릎에 댄다. 그 밑으로 손을 넣어 오른쪽 허벅지 뒤쪽을 잡고 몸 쪽으로 당긴다. 반대쪽도 똑같이 한다.

3 누워서 한쪽 다리를 양팔로 끌어안아 몸 쪽으로 당긴다. 다리를 당길 때 등이 바닥에서 떨어지지 않도록 한다. 반대쪽도 똑같이 한다.

날씨에 따라 다른 걷기 준비

계절별 체크 포인트

걷기 운동은 주로 야외에서 하기 때문에 기온, 환경 등의 영향을 많이 받는다.
자칫 잘못하면 역효과가 나거나 부상을 입을 수 있다.
계절에 따라, 날씨에 따라 준비해야 할 것과 주의할 점들을 알아본다.

봄 · 가을 | 아침보다 저녁에 운동한다

일교차가 심한 환절기엔 면역력이 떨어져 감기뿐 아니라 심혈관질환에도 큰 영향을 미칠 수 있다. 우리 몸이 적정 체온을 유지하려고 혈압 수축을 급격히 변화시키기 때문이다. 또 봄에는 황사가 잦아 호흡기질환, 피부질환, 안구질환에도 주의해야 한다.
기온이 많이 내려가 있는 아침보다 저녁에 운동하는 것이 좋고, 준비 운동을 충분히 한다. 날씨가 너무 안 좋은 날에는 실내에서 러닝머신을 이용하는 것도 좋은 방법이다.

- **마스크** | 황사를 막고 보온도 된다. 황사 외에 호흡기질환을 막는 데도
  효과적이다.

여름 | 자외선 차단과 수분 섭취는 필수!

자외선차단제, 모자, 선글라스를 준비하고 면 소재의 여유 있는 운동복을 입는다. 소지품을 넣을 허리지갑이나 등에 매는 가방을 준비하면 편하다. 땀을 많이 흘린다면 머리띠나 손수건을 머리에 두른다.
운동을 하는 시간은 선선한 저녁 7~10시나 아침 6~8시가 좋다. 기온이 높은 한낮에는 피부가 태양에 지나치게 노출되면서 체온이 올라가고 체력 소모도 심하며 더위로 탈수 현상이 일어날 수 있다. 휴대용 물통을 갖고 다니면서 물을 조금씩 자주 마시고, 탄산음료는 갈증을 더하므로 피한다.
땀이 많이 나면 살이 빠질 것 같아 일부러 두껍게 입거나 땀복을 입고 운동하는 사람들이 있는데, 그러다 쓰러질 수 있으니 옷은 최대한 가볍게 입는다. 절대 무리하지 말고 힘들면 곧바로 휴식을 취한다.

- **옷** | 통기성이 좋은 면 티셔츠나 민소매 티셔츠, 짧은 반바지를 입는다.
- **모자** | 통풍이 잘 되는 모자를 쓴다. 통풍이 잘 안 되는 모자를 쓰고
  오랫동안 걸으면 열사병에 걸릴 수 있다.

- **선글라스** | 먼지와 햇빛으로부터 눈을 보호한다. 색이 너무 진하지 않은 것을 쓴다.
- **자외선차단제** | 자외선으로부터 피부를 보호한다. SPF는 UV-B(피부를 검고 붉게 만드는 강한 자외선)에 대한 방어 효과, PA는 UV-A(피부노화를 촉진하는 자외선)에 대한 방어 효과를 나타낸다. 야외활동용으로는 SPF40 이상, PA+++ 정도의 자외선차단제를 사용한다. 가볍게 화장을 했을 때는 운동하는 중간 중간 바를 수 있는 파우더 타입의 제품도 좋다.

겨울 | 얇은 옷을 여러 겹 입어 따뜻하게

찬바람에 대비해 체온을 철저히 유지해야 하기 때문에 운동복이 중요하다. 땀으로 옷이 젖은 상태에서 찬바람을 계속 쐬면 저체온증에 걸릴 위험이 있으므로 상의는 얇은 옷을 두세 겹, 하의는 한두 겹 겹쳐 입는다. 두꺼운 옷을 한 벌 입는 것보다 얇은 옷을 여러 겹 입는 것이 더 효과적이다. 겉에는 바람막이를 입고, 열을 발산하는 목과 손을 보호하기 위해 모자와 장갑을 챙긴다. 모자는 휴대가 간편하고 부피가 작은 것, 장갑은 보온성이 뛰어난 것이 좋다. 목에는 가볍고 발열 효과가 있는 기능성 네크워머나 버프를 두른다. 찬바람에는 마스크도 효과적이다.
운동 시간은 하루 중 제일 기온이 높은 낮 시간이 좋다. 겨울은 기온이 낮은 만큼 기초대사량과 에너지 소비량이 늘어나므로 평소보다 강도를 낮춰서 집중력을 발휘해 짧게 운동한다.

- **옷** | 가볍고 따뜻하며 부피가 작아 움직이기 편한 옷을 입는다.
- **버프** | 목에 감거나 얼굴을 보호하는 등 다양하게 활용할 수 있다. 안경을 쓰는 사람은 김이 서리는 것을 막아 준다.
- **배낭** | 등으로 오는 바람을 막고 따뜻한 음료나 고구마 등 간식을 넣기에도 좋다.
- **바셀린** | 바셀린을 옷 속에 바르면 바람을 막아 주고 체온 유지에 효과적이다.

비 오는 날 | 체온 유지에 신경 쓴다

장마철 등 비가 오는 날은 습하고 끈적끈적해 불쾌지수가 높을 뿐 아니라 체온이 떨어지기 쉽다. 무엇보다 체온 관리에 신경 쓴다. 너무 비를 많이 맞아 추워지고 몸이 떨리면 바로 운동을 멈추고 따뜻한 곳에서 몸을 녹인다.
또 도로 옆이나 한강 산책로는 되도록 피한다. 길이 미끄러워서 자전거, 자동차, 다른 사람들과 부딪혀 사고가 나기 쉽고 물이 튈 수 있다. 운동장이나 공원에서 운동한다.

- **옷** | 상의는 운동용 방수 소재로 된 옷을, 하의는 활동이 편한 반바지를 입는다.
- **모자** | 빗물이 눈에 들어가는 것을 막아 준다.
- **신발** | 방수 코팅이 되어 있는 기능성 운동화를 신는다.

둘레길부터 러닝머신까지
장소별 체크 포인트

걷기 운동은 특별한 도구가 없어도 장소에 따라 다양한 운동을 할 수 있는 것이 매력이다.
야외에서 걷기, 인도에서 걷기, 계단이나 러닝머신 이용하기 등
생활 속의 걷기 운동 요령을 살펴본다.

공원 | 음악과 함께 시민 운동 시설을 이용한다

공원은 대부분 길이 편안해 초보자도 걷기 좋다. 하지만 자전거를 타는 사람, 배드민턴을 치는 사람 등 다른 운동을 하는 사람들도 많아 부딪히기 쉽다. 주위를 살펴 사고가 나지 않도록 조심한다. 또한 작은 공원은 같은 구간을 빙글빙글 돌게 되어 지루할 수 있다. 좋아하는 음악 중에서도 신나는 곡을 들으며 걷는다. 음악에 빠지다 보면 풍경의 변화가 적어도 지루하지 않다.
공원에 있는 운동 시설을 이용하는 것도 좋다. 간단한 스트레칭부터 본격적인 근력 운동, 사이클까지 기본 시설들이 갖춰져 있는 곳이 많으므로 잘 활용하면 헬스클럽 부럽지 않은 운동 효과를 볼 수 있다.

공원 걷기는 이렇게
- 지루해지지 않도록 좋아하는 음악을 듣는다.
- 자전거 등 다른 사람들과의 충돌을 조심한다.
- 운동 시설을 이용해 준비 운동과 마무리 운동을 한다.
- 운동 시설을 이용해 근력 운동, 서킷 운동(근력 운동과 유산소 운동을 번갈아 하는 운동)을 한다.

산길 | 걷기 편한 신발은 필수, 간식도 준비한다

둘레길과 같은 산길을 걸을 때는 빨리 걷지 않아도 좋다. 낮은 곳에서부터 느긋하게 주위 풍경을 즐기며 자신의 페이스대로 걷는다. 오르막길은 평지를 걸을 때보다 훨씬 힘이 드는 만큼 보폭을 줄여서 조심조심 올라간다. 실제로 같은 거리일 경우 평지와 오르막길은 칼로리 소모가 두 배나 차이 난다. 내리막길은 무릎에 부담이 더 많이 가고 사고의 위험도 높아 오르막길에서보다 더 주의해야 한다.

산길은 평평한 흙길, 돌계단, 울퉁불퉁한 오르막길 등 여러 가지 길이 있으므로 반드시 걷기 편한 옷과 신발을 준비해야 한다. 힘한 길이라면 폴을 가져가는 것도 좋다. 또 한 번 길을 나서면 2~3시간은 걸어야 하기 때문에 중간에 먹을 간식과 물을 꼭 준비한다. 화장실을 못 찾아 곤란해지지 않도록 편의시설을 미리 확인하는 것도 필요하다.

산길 걷기는 이렇게
- 경사진 길에서는 보폭을 줄여서 주의 깊게 걷는다.
- 돌바닥이나 힘한 길은 속도에 욕심 부리지 말고 천천히 걷는다.
- 경사가 심한 길에서는 몸을 곧게 세워서 걷는다.
- 경사가 심한 오르막길은 지그재그로 걸어 올라가면 힘도 덜 들고 효율적이다.
- 내리막길에서는 상체를 뒤로 젖히고 무릎을 굽혀 자세를 낮추면 무릎에 부담이 덜 간다.

인도 | 직선 코스로 잡고, 돈은 두고 나간다

집 근처의 인도도 좋은 걷기 운동 장소다. 코너나 갈림길이 없는 직선 코스를 고르면 운동하기 편하다. 버스 정류장이나 지하철역을 따라 코스를 잡으면 자신이 얼마나 걸었는지 알 수 있어 목표를 정하기도 쉽다. 역마다 거리는 조금씩 다르지만 '오늘은 다섯 정거장 갔으니 내일은 일곱 정거장 걸어갔다 와 볼까?' 하는 식으로 코스를 잡아 볼 수도 있다.

인도는 구경할 것이 많아 이리 저리 둘러보다가는 다칠 수 있다. 의식적으로 앞을 보고 걷는다. 길거리 음식이나 카페 등 먹을 것에 대한 유혹이 커서 기껏 운동하러 나갔다가 오히려 더 많이 먹고 돌아올 위험도 있다. 군것질을 하거나 도중에 차를 타고 돌아오는 것을 막기 위해 돈을 아예 갖고 가지 않는 것도 좋은 방법이다.

인도 걷기는 이렇게
- 지하철역이나 정류장 수를 목표로 삼아 코스를 짠다.
- 완충 작용이 있는 우레탄 바닥재가 깔린 길을 고른다.
- 돈을 안 가지고 나가면 군것질의 유혹을 피할 수 있다.

계단 | 무릎에 무리가 가지 않도록 주의한다

계단 걷기는 평지에서 걷는 것보다 소모되는 칼로리가 두세 배 많고 허벅지, 엉덩이 등 하체 운동 효과가 좋다. 두 칸씩 올라가거나 빠르게 한 칸씩 뛰어 올라가면 허벅지 앞쪽에 자극이 가 근력 운동 효과가 있고, 계단을 발 앞부분으로 딛고 올라가면 엉덩이를 올리는 효과가 있다.

계단에 익숙하지 않은 사람은 무릎에 무리가 올 수 있으므로 처음에는 가볍게 시작한다. 비만인 사람은 특히 주의한다. 신발은 평지 걷기와 마찬가지로 편한 신발을 신는다.

계단 걷기는 이렇게

- 가슴과 허리를 똑바로 펴고 바른 자세를 유지해 무릎에 무리가 가지 않도록 한다.
- 팔을 힘차게 흔들며 걸어 올라가면 전신 운동 효과를 볼 수 있다.
- 5분간 계단을 오르면 약 40kcal를 소비할 수 있다.
- 10~20층을 20분 이상 걸어 올라가면 유산소 운동이 된다.
- 5~7층을 두 칸씩 오르거나 빠르게 한 칸씩 올라가면 무산소 운동이 된다.
- 내려갈 때는 무릎에 부담이 가기 쉬우므로 주로 오르기를 한다.

러닝머신 | 속도와 강도에 변화를 준다

날씨, 시간, 장소 등의 제약 없이 걷기 운동을 할 수 있고, 속도와 거리를 정확하게 잴 수 있는 것이 장점이다. 바깥에서 운동할 때와 마찬가지로 심박 수나 걷는 속도를 자신의 몸 상태에 맞춰 준비 운동, 본 운동, 마무리 운동 순으로 걷는다. 본 운동은 천천히 걷기 시작해서 빨리 걷고 다시 천천히 걷는 식으로 짠다.

경사도를 높여 강도를 조절하는 방법도 있다. 언덕 정도로 조절해 5km/h로 20분, 평지로 되돌려 6km/h로 10분, 다시 경사도를 높여 5km/h로 20분, 마지막으로 다시 6km/h로 10분 걸어서 총 60분간 운동한다. 이런 식으로 강도를 바꿔 가며 운동하면 '10분만 더!'라는 생각이 들어 도중에 그만 둘 확률이 낮아진다.

러닝머신 걷기는 이렇게
- 운동 강도는 자신의 몸 상태를 기준으로 삼는다.
- 아주 빠른 20분 걷기가 힘들 경우 빨리 걷기를 30분 해도 좋다.

[1시간 걷기 프로그램의 예]

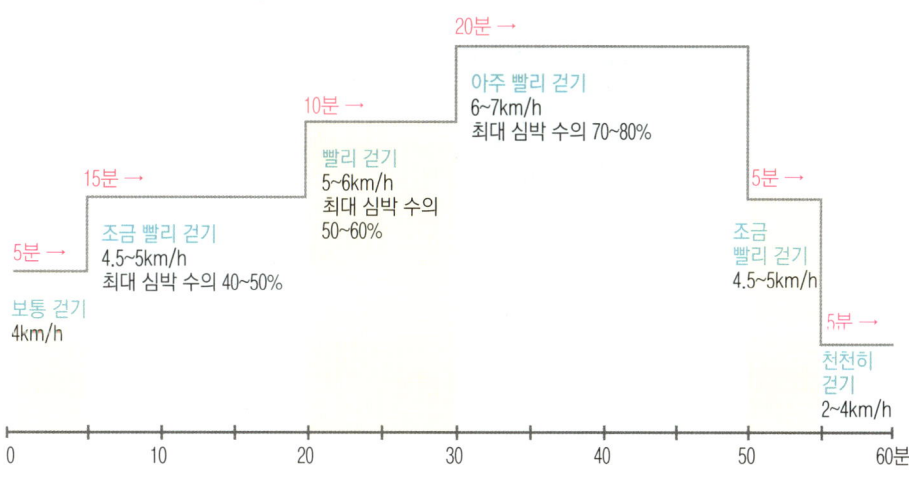

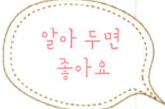

다리가 예뻐지는 '뒤로 걷기'
뒤로 걸으면 평소 잘 쓰지 않는 무릎 뒤쪽의 근육과 인대를 사용하게 되어 다리 근육이 골고루 발달한다. 발 앞쪽부터 땅에 닿기 때문에 무릎에 주는 충격도 덜하다. 특히 앞으로 걷는 것보다 칼로리 소모가 많아 다이어트에 도움이 되고, 종아리의 뭉친 근육을 풀어 주어 다리가 예뻐진다.

뒤로 걸을 때도 바른 자세를 유지하는 것이 중요하다. 또한 몸이 경직되면 넘어지기 쉬우므로 힘을 빼고 보폭을 줄인다. 운동장처럼 장애물이 없고 익숙한 장소가 좋으며, 피로가 쉽게 오고 발등에 무리가 가므로 너무 오래 걷지 않는다.

라이프스타일에 맞춰 언제 어디서나

생활 속의 걷기 운동

주부, 직장인, 학생 등 자신의 라이프스타일에 맞춰 일상 속에서 자연스럽게 운동할 수 있는
방법을 소개한다. 틈틈이 걷는 생활을 몸에 익히면 시간을 따로 내어 운동하지 않아도
다이어트 효과를 볼 수 있다.

주부 | 좋은 물건 싸게 사고 살도 뺀다

요새는 인터넷 쇼핑몰에서 살 수 없는 것
이 없다. 참 편리한 세상이지만, 반면 운동
을 할 시간은 점점 줄어들고 있다. 날씬한
몸매를 원한다면 지금부터 인터넷 쇼핑몰
을 잊고 마트로 향한다. 승용차도, 엘리베
이터도 잊어버린다. 일부러 운동 시간을 내
기 어렵다면 일상생활에서 하루하루 조금
씩 운동량을 늘리는 것이 중요하다.

어떤 물건이 어디가 싼지 미리 조사해서 목
록을 만들어 한 번에 여러 군데에서 장을
본다. 힘들고 불편하겠지만, '싸고 좋은 물
건을 구하기 위해 발품 팔았다'고 생각하면 일부러 멀리 있는 곳을 찾아 가더라도 스트레스가
덜하다.

백화점에서는 계단으로 맨 위층까지 올라가 에스컬레이터를 타고 한 층씩 내려오면서 지하 식
품매장까지 돌아본다. 백화점을 둘러보기만 해도 꽤 긴 거리를 걷게 되어, 아이쇼핑도 되고 물
건을 구경하는 동안 운동도 된다.

장 볼 때 기억해야 할 점

- 배고픈 상태로 장을 보러 가지 않는다. 배가 고프면 충동적으로 이것저것 마구 집어들 수 있고, 시
식 코너의 유혹도 참기 힘들다.
- 하루치 먹을 것만 목록을 만들어 장을 본다. 아무리 많아도 2~3일치를 넘기지 않는다. 1주일치를 한
꺼번에 사면 필요한 양보다 더 많은 양을 사게 되고, 이는 과식을 부른다. 되도록 그날 먹을 양만 사
고, 부족하면 그때 다시 사러 간다는 생각으로 장을 본다.
- 시식 코너에서 많이 집어 먹지 않는다. 적은 양이라도 조금씩 이것저것 먹다 보면 칼로리를 무시할
수 없다.

직장인 | 쇼핑몰에서 아이쇼핑하며 즐겁게 걷는다

쇼핑을 좋아하는 사람이라면 대형 쇼핑몰을 돌아다니는 것도 좋다. 물건들을 구경하면서 걷다 보면 기분도 좋아지고 허기도 잊을 수 있다. 동대문 등의 의류 쇼핑몰도 효과적이다. 눈이 즐거울 뿐 아니라 예쁜 옷을 보면서 좀 더 아름다운 몸매를 갖고 싶다는 동기가 생긴다. 실내라서 날씨에 구애받지 않고 넓은 공간에서 마음껏 걸어 다닐 수 있으며 쉽게 질리지 않는다는 것도 장점이다.

견물생심이라고 과소비가 우려된다면 카드는 집에 두고 최소한의 현금만 들고 다닌다. 평소 잘 사지 않는 상품 쪽으로 코스를 정하는 것도 좋은 방법이다.

학생 | 서점에서 책도 보고 운동도 한다

학생들에게 추천하는 걷기 장소로는 대형 서점이 있다. 책을 아주 싫어하는 사람이 아니라면 운동이 될 뿐만 아니라 무척 유익한 시간이 된다. 주말에는 가족 단위의 손님들이 많아 북적거리므로 평일에 가는 것이 좋다. 평소에 관심 있었던 분야부터 그렇지 않은 분야까지 한 번 쭉 돌아보면서 마음이 가는 책이 있으면 지나치지 말고 그 자리에서 훑어본다. 단순히 서 있기만 해도 앉아 있을 때보다 칼로리가 두 배 정도 더 소모된다.

서서 책을 볼 때는 반드시 양쪽 다리에 힘을 고르게 분배해 선다. 한쪽에만 힘을 실으면 몸의 균형이 깨져서 다리와 발에 무리가 갈 수 있다. 책을 보며 간단 스트레칭을 하면 다리가 붓는 것을 막고 근육을 풀어 주는 효과가 있다.

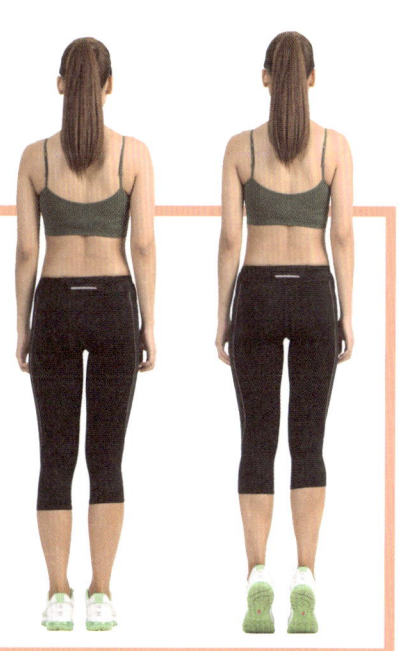

 언제 어디서나, 간단 스트레칭

- 11자로 발을 벌리고 서서 발끝만 살짝 올렸다 내렸다 한다. 발목에 쌓인 피로와 종아리 근육을 풀어 준다.
- 짐을 양손에 비슷한 무게로 나눠 들고 번갈아 올렸다 내렸다 하면 상체 근력 운동이 된다. 같은 무게라도 양쪽에 비슷한 무게를 들면 덜 무겁다.
- 배에 힘을 주고 어깨와 가슴을 편다. 바른 자세만으로도 자연스럽게 신진대사가 활발해진다.

다이어트 효과를 두 배로

간단 근력 운동

걷기와 같은 유산소 운동과 근력 운동을 함께 하면 운동 효과가 훨씬 높아진다.
간단히 할 수 있는 근력 운동을 소개한다. 본격적으로 걷기 전에 20~30분 하면
다이어트는 물론 몸매까지 예쁘게 가꿀 수 있다.

근력 운동의 기본 수칙

- 숨을 들이마실 때는 천천히, 내쉴 때는 빠르게 쉰다.
- 숨은 근육을 이완하거나 쉬운 동작에서 들이마시고 힘을 쓰거나 수축하는 동작에서 내쉰다.
- 동작 하나하나를 천천히 정확하게 한다.
- 맨손, 물병 들기, 1.5L 생수병 들기, 덤벨 들기 순으로 강도를 더하거나 덜 수 있다.
- 익숙해지면 무게를 늘리거나 5세트 이상으로 횟수를 늘린다.
- 맨손이나 가벼운 물건을 들고 운동할 때는 횟수와 세트 수를 늘려 강도를 더할 수 있다.
- 초보자는 10회부터 시작한다.

팔 · 어깨 운동

팔과 어깨선을 예쁘게 만든다. 덤벨이 없으면 대신 물병을 들고 한다.

팔 라인을 예쁘게 만든다
덤벨 들었다 내리기

운동 부위 | 팔 앞쪽 근육

① 양손에 덤벨을 들고 손바닥이 앞을 보게 한다.
  양발은 어깨 너비로 벌려 선다.

② 숨을 들이마시면서 덤벨을 가슴까지 들어
  올렸다가 숨을 내쉬면서 내린다. 이때 덤벨
  을 든 손이 몸 바깥쪽으로 벗어나지 않도록
  한다.

③ 팔의 자극을 느끼며 한쪽 팔씩 번갈아 하거나
  양팔을 동시에 한다. 20회씩 3~5세트.

tip 손목이 꺾이지 않도록 주의하고, 팔꿈치는
  고정한다.

군살 없고 탄력 있는 팔을 만든다
머리 위로 덤벨 들었다 내리기

운동 부위 | 팔 뒤쪽 근육

① 양발을 어깨 너비로 벌리고 서서 양손에 덤벨을 들고 머리 위로 뻗는다.

② 팔꿈치를 귀 옆에 붙인 상태로 숨을 들이마시면서 손을 뒤로 넘겨 손목이 뒷목에 닿게 한다.

③ 숨을 내쉬면서 팔꿈치를 쭉 편다.

④ 팔 뒤쪽의 자극을 느끼며 양팔을 동시에 하거나 한쪽 팔씩 번갈아 한다. 한쪽 팔씩 번갈아 할 경우 다른 팔로 팔꿈치 밑을 받쳐 움직이지 않도록 고정한다. 20회씩 3~5세트.

tip 덤벨을 들어 올릴 때 손의 힘이 아니라 팔 뒤쪽 힘을 쓴다.
팔꿈치를 고정해 팔이 옆으로 벌어지지 않도록 한다.

굽은 어깨를 쫙 펴서 옷맵시를 살려 준다
천천히 날갯짓하기

운동 부위 | 어깨 옆쪽 근육

① 양손에 덤벨을 들고 다리를 어깨 너비로 벌려 선다. 배에 힘을 줘서 허리를 쭉 편다.

② 숨을 들이마시면서 양팔을 옆으로 수평이 되게 든다. 무게가 무거울수록 팔꿈치를 살짝 굽히면서 해야 인대에 무리가 가지 않는다.

③ 숨을 내쉬며 들어 올린 팔을 허벅지 앞까지 내린다. 20회씩 3세트.

tip 어깨가 목이 들어갈 만큼 올라가지 않도록 주의하면서 손이 아니라 어깨와 팔꿈치 사이의 근육을 쓴다는 생각으로 운동한다.
빠르게 하려고 하지 말고 근육이 이완되는 느낌에 집중한다.

가슴 운동

탄력 있고 예쁜 가슴을 만든다. 모양을 잡아 주어 남자들에게도 좋다.

가슴의 군살을 없앤다
무릎 대고 팔굽혀펴기

운동 부위 | 가슴 근육, 팔 뒤쪽 근육

① 무릎을 바닥에 대고 양손을 어깨 너비로 벌려 엎드린다. 엉덩이가 뒤로 빠지지 않도록 몸을 사선으로 곧게 뻗는다.

② 숨을 들이마시며 팔꿈치를 옆으로 구부려 직각이 될 때까지 몸을 내린다.

③ 1~2초 유지했다가 팔을 완전히 펴기기 직전까지 펴며 숨을 내쉰다. 6~8회씩 3~4세트.

tip 몸이 내려갈 때는 천천히, 올라올 때는 빠르게 한다.

가슴 라인을 예쁘게 잡아 준다
가슴 앞에서 덤벨 모으기

운동 부위 | 가슴 근육, 팔 뒤쪽 근육

① 양 무릎을 굽히고 똑바로 눕는다.

② 양손에 덤벨을 들고 양팔을 양옆으로 쭉 뻗는다.

③ 숨을 내쉬면서 양손을 주먹이 서로 맞닿도록 들어 올려 통나무를 껴안듯이 얼굴 위에서 모은다. 가슴이 조이는 느낌에 집중하며 가슴을 살짝 들되 몸통은 움직이지 않는다.

④ 숨을 들이마시면서 양팔을 그대로 양옆으로 내린다. 20회씩 3세트.

tip 처음엔 맨손으로 시작해서 익숙해지면 500mL 물병, 1.5L 물병, 덤벨 순으로 무게를 늘려 나간다.

등 운동

곧고 매끈한 뒷모습을 만든다. 옷맵시가 두 배로 살아난다.

등의 군살을 없앤다
역기처럼 덤벨 들기

운동 부위 | 등 위쪽 근육

① 발을 어깨 너비로 벌리고 서서 양손에 덤벨을 들고 상체를 곧게 편다.

② 엉덩이를 뒤로 내밀면서 무릎을 살짝 굽혀 상체를 숙인다. 이때 허리가 굽혀지지 않도록 주의한다.

③ 숨을 내쉬면서 허벅지 옆으로 내린 팔을 그대로 직각으로 굽혀 가슴 밑으로 당긴다. 날개 뼈(견갑골)를 접는다는 느낌으로 등 근육에 집중한다.

④ 숨을 들이마시며 당긴 팔을 다시 허벅지 옆으로 내린다. 20회씩 3세트.

tip 날개 뼈가 등 중앙으로 모이도록 집중하며 동작을 한다. 목이 거북이 목처럼 들어가지 않도록 주의한다.

자세를 곧게 만든다
팔짱 끼고 인사하기

운동 부위 | 허벅지 뒤쪽 근육, 엉덩이 근육, 등 아래 쪽 근육

① 양발을 어깨 너비로 벌리고 서서 양손을 가슴 앞에서 교차해 반대쪽 팔꿈치를 잡는다.

② 허리를 곧게 편 상태로 숨을 내쉬면서 인사하듯이 상체를 숙인다. 옆에서 봤을 때 허리가 움푹 들어가도록 의식하며 허벅지 뒤쪽까지 늘어나는 느낌을 느낀다.

③ 숨을 들이마시며 허리를 곧게 펴서 상체를 일으킨다. 20회씩 3세트.

tip 상체를 숙였다 일으키는 동안 허리가 굽혀지지 않도록 주의한다.

배 운동

군살 없고 탄력 있는 배를 만든다. 아름다운 복부가 자신감을 살려 준다.

보기 싫은 뱃살을 뺀다
앉아서 무릎 들어 올리기

운동 부위 | 상하복부 근육

① 바닥에 앉아 양팔로 상체를 받친 뒤 다리를 붙이고 무릎을 직각으로 굽힌다.
② 숨을 내쉬면서 무릎을 들어 올린다. 최대한 위로 올려 3~5초 멈춘다.
③ 다시 숨을 들이마시며 발을 바닥에 닿지 않을 정도까지 천천히 내린다. 20회씩 3세트.

tip 다리를 들어 올릴 때 배를 등 쪽으로 당겨 수축시키면 더 효과적이다.

복근과 허리선을 예쁘게 다듬는다
덤벨 들고 옆구리 늘이기

운동 부위 | 옆구리 근육

① 양발을 어깨 너비로 벌리고 서서 한 손은 덤벨을 들고 한 손은 머리 뒤에 댄다.
② 숨을 내쉬면서 덤벨을 든 손 쪽으로 상체를 숙인다. 옆구리가 늘어나는 느낌이 들도록 덤벨 든 손을 무릎까지 내리고 시선은 천장을 바라본다.
③ 숨을 내쉬며 상체를 일으킨다.
④ 한쪽을 1세트 한 뒤 반대쪽도 똑같이 반복한다. 15~20회씩 3세트.

tip 상체를 옆으로 숙일 때 앞쪽으로 숙여지지 않도록 주의한다.

하체 운동

예쁜 엉덩이와 날씬한 다리를 만든다. 걷기 운동과 병행하면 효과가 두 배로 높아진다.

사과 같은 엉덩이를 만든다
엎드려 다리 들어 올리기

운동 부위 | 허벅지 뒤쪽 근육, 엉덩이 근육

① 기어가는 자세로 무릎을 대고 'ㄷ'자로 엎드린다.

② 무릎 뒤쪽에 덤벨을 끼고 그대로 숨을 내쉬면서 다리를 들어 올린다.

③ 덤벨이 떨어지지 않게 주의하면서 숨을 들이마시며 다리를 내린다. 15~20회씩 번갈아 3세트.

tip 반동을 이용하지 말고, 엉덩이와 허벅지 뒤쪽의 자극을 느낀다.

날씬한 각선미를 만든다
투명의자에 앉았다 일어나기

운동 부위 | 허벅지 앞쪽 근육, 엉덩이 근육

① 양발을 어깨 너비로 벌리고 바른 자세로 선다.

② 양손을 가슴 앞으로 뻗어 양 팔꿈치를 잡고 엉덩이를 뒤로 빼면서 숨을 내쉬며 앉는다. 허리를 곧게 펴고, 무릎과 발 끝이 수직이 되게 한다.

③ 허리를 곧게 편 상태로 숨을 들이마시면서 그대로 일어난다. 20회씩 3세트.

tip 앉을 때 상체를 숙이며 허리가 굽혀지지 않도록 주의한다.

자, 이제 시작해 볼까?

걷기 다이어트 8주 프로그램

걷기 운동은 누구나 쉽게 시작할 수 있는 반면, 도중에 그만 두는 사람도 많다.
제대로 된 가이드라인이나 프로그램을 짜지 못했기 때문이다.
다이어트를 위한 8주 걷기 프로그램과 그보다 강도를 높인 12주 걷기 프로그램을 제안한다.
그대로 운동하면 건강과 다이어트를 함께 잡을 수 있다.

실전에 들어가기 전에

목표 세우기와 프로그램 활용법

걷기 다이어트에 들어가기 전에 먼저 목표를 세운다. 살이 빠진다면 무엇을 하고 싶은지,
감량 목표는 몇 kg인지, 한 달에 얼마큼씩 빼고 싶은지 구체적일수록 좋다.
주위 사람들로부터 응원의 메시지를 받아 의지가 약해질 때마다 보는 것도 효과가 있다.

다 이 어 트 목 표 세 우 기 *

- 왜 살을 빼고 싶은가?
- 몸매에 자신감이 없어서 포기했던 것들은 무엇인가?
- 살이 빠지면 하고 싶은 일은 무엇인가?
- 나의 이상적인 몸무게는?
- 한 달에 몇 kg씩 뺄까?
- 6개월의 계획 세우기
- 제일 뚱뚱했을 때와 제일 날씬했을 때의 사진 붙이기

걷 기 프 로 그 램 활 용 법 *

- 8주 걷기 프로그램은 3주째부터 빨리 걷기, 5주째부터 파워 워킹이 시작된다. 하지만 개인차가 있으므로 자신의 몸 상태에 맞춰 조절해도 좋다. 걷기 운동에 어느 정도 익숙해지면 파워 워킹을 시작한다.
- 파워 워킹에 익숙해지면 강도를 높이기 위해 덤벨을 들어도 좋다. 단, 너무 힘들면 프로그램에 덤벨이 있더라도 2~3주 뒤로 미루거나 덤벨을 빼고 전체 운동 시간을 10~20분 정도 더 늘린다.
- 식이요법을 병행한다. 걷기 운동은 체지방 연소율은 높지만 칼로리 소비량은 낮기 때문이다.
- 식이요법을 무리해서 하면 폭식할 수 있으므로 먹고 싶은 것을 너무 참거나 양을 줄이지 않는다. 단, 세끼의 양을 비슷하게 먹고 저녁식사는 잠들기 4시간 전에 마친다.
- 낮 동안 운동량이 많지 않은 사람은 신진대사율을 높이는 아침 공복 운동이 효과적이다.
- 저녁을 많이 먹은 날은 음식이 체지방으로 쌓이지 않도록 식후 1~2시간 뒤에 운동한다.
- 1주일 중 하루는 운동을 쉬되, 계단을 이용하는 등 기회가 되는 대로 몸을 움직인다.
- 운동을 마치고 나면 반드시 운동 거리와 시간, 운동 후의 느낌을 기록한다(P.67 운동량 기록 방법 참고).
- 8주 프로그램이 끝나면 7~8주 프로그램을 번갈아 하며 자신에게 맞는 운동 패턴을 익혀 나간다.
- 8주 프로그램이 끝나도 목표에 도달하지 못했거나 운동 강도를 높이고 싶으면, 이어서 4주 프로그램을 더 한다.

강도 조절 등 팁을 알려 준다.

김사라가 알려 주는 실전 팁.
실제로 운동하면서 부딪히는
문제들과 궁금증들을 시원하게
풀어 준다.

week**5**

신진대사를 촉진하고, 근지구력과 심폐지구력을 키운다
고강도 파워 워킹

* 프로그램이 너무 힘들면 1~2일은 전 주 프로그램으로,
4~6일은 이번 주 프로그램으로 운동한다.

해당 주의 걷기 프로그램을 한눈
에 알 수 있게 정리하고, 운동 포
인트를 알려 준다.

운 동 량 기 록 방 법 *

	거리	시간	운동 후의 느낌
1일			
2일			
3일			
4일			
5일			
6일			
7일			휴식

1주일 동안 얼마나 걸었는지 자신의
운동량을 기록한다. 거리와 시간은
물론 걷고 나서 기분이 상쾌했는지,
더 걷고 싶었는지, 힘들었는지, 운동
전후에 무엇을 먹었는지 등도 같이
적는다.

week 1

속도보다 자세에 유의해 바른 자세를 몸에 익힌다

천천히 가볍게 시작!

P.42~43 참고

준비 운동

가볍게 뛰면서 손목, 발목을 털고, 종아리를 늘인다.

P.46~47 참고

스트레칭

발목, 무릎, 손목, 어깨, 목 등의 관절을 푼다.

P.40 참고

보통 걷기 30분

허리를 펴고 배를 등쪽으로 당긴다. 발뒤꿈치, 발바닥, 발가락 순으로 무게중심을 옮긴다.

김사라가 알려 줘요

Q 운동이 처음인데 원래 이렇게 종아리가 당기나요?

A 운동을 처음 하는 사람, 오랜만에 하는 사람이라면 종아리가 당기거나 근육통이 있을 수 있어요. 근육통은 근섬유에 손상이 가서 생기는 증상인데, 평소 해당 근육을 많이 안 썼을 경우에 나타나기 쉬워요.
하지만 근육통이 생기면 근육에서 손상된 근섬유를 스스로 치료하려고 끊임없이 에너지를 소비하기 때문에 나쁜 것만은 아니랍니다. 또 치료된 근육은 더 튼튼해져요.
근육통이 있는 날은 운동을 끝내고 스트레칭으로 근육을 풀어 주세요. 운동도 쉬지 말아야 해요. 근육통이 있다고 운동을 쉬면 통증이 더 오래 가고 근육이 뭉치기 쉬워요.

4 P.40 참고

천천히 걷기 5분

바른 자세를 유지하며 걷는다.

5 P.47~48 참고

스트레칭

허벅지, 종아리, 목, 옆구리를 늘인다.

걷는 속도를 조금 높여 땀을 낸다
속도 올리기

1 P.42~43 참고

준비 운동

가볍게 뛰면서 손목, 발목을 털고, 종아리를 늘인다.

2 P.46~47 참고

스트레칭

발목, 무릎, 손목, 어깨, 목 등의 관절을 푼다.

4 P.40 참고

보통 걷기 5분

허리를 펴고 배를 등쪽으로 당긴다.
발뒤꿈치, 발바닥, 발가락 순으로 무게중심을 옮긴다.

김사라가 알려 줘요

Q 왜 1주일 중 하루는 운동을 쉬나요?

A 휴식 역시 다이어트에 중요한 요소예요. 휴식하는 동안 운동으로 손상된 세포가 재생되고, 이때 운동 효과도 나타나지요. 1주일에 하루 정도는 운동을 쉬고 식사 조절도 살짝 풀어 주세요. 평소에 참아 왔던 음식도 너무 늦은 시간이 아니라면 부담 없이 드세요. 1주일에 하루는 먹고 싶은 걸 먹을 수 있다고 생각하면 다이어트도 더 열심히 할 수 있답니다.

단, 운동을 쉬더라도 장을 보러 가거나 집안일을 하는 등 몸을 자주 가볍게 움직이는 게 다음 주 스케줄을 위해 좋아요.

3 P.41 참고

빨리 걷기 30분

허리를 펴고 배를 등쪽으로 당긴다.
발뒤꿈치, 발바닥, 발가락 순으로 무게중심을 옮긴다.
옆 사람과 이야기를 나눌 수 있는 정도의 속도로 걷는다.

5 P.40 참고

천천히 걷기 5분

바른 자세를 유지하며 걷는다.

6 P.47~48 참고

스트레칭

허벅지, 종아리, 목, 옆구리를 늘인다.

week 3

본격적인 운동으로 체지방을 분해한다

빨리 40분 걷기

P.42~43 참고

준비 운동

가볍게 뛰면서 손목, 발목을 털고, 종아리를 늘인다.

P.46~47 참고

스트레칭

발목, 무릎, 손목, 어깨, 목 등의 관절을 푼다.

P.41 참고

빨리 걷기 40분

허리를 펴고 배를 등쪽으로 당긴다.
발뒤꿈치, 발바닥, 발가락 순으로 무게중심을 옮긴다.
옆 사람과 이야기를 나눌 수 있는 정도의 속도로 걷는다.

김사라가 알려 줘요

Q 효과가 생각만큼 빨리 안 나타나요. 어떻게 하죠?

A 지방 1kg을 빼려면 7700kcal를 소비해야 해요. 하루에 약 1시간씩(약 300kcal 소모) 걸으면서 식사 조절로 200kcal를 줄여 하루에 500kcal씩 줄여 나가도 2주가 걸리죠. 단기간에 10kg 이상 뺀다는 광고가 넘치다 보니 걷기 다이어트가 너무 느리고 답답하다고 생각될 수 있어요. 하지만 단기간에 효과를 보는 무리한 다이어트는 자칫 지나친 스트레스를 주어 도중에 포기하기 쉽고 요요현상을 부르기도 해요. 8주 동안 스트레스 없이 꾸준히 할 수 있는 강도를 지키며 운동하는 것이 제일 안전하고 확실한 방법이랍니다.

4 P.40 참고

천천히 걷기 5분

바른 자세를 유지하며 걷는다.

5 P.47~48 참고

스트레칭

허벅지, 종아리, 목, 옆구리를 늘인다.

일정한 속도를 유지하는 것이 중요하다

빨리 50분 걷기

P.42~43 참고

준비 운동

가볍게 뛰면서 손목, 발목을 털고, 종아리를 늘인다.

P.46~47 참고

스트레칭

발목, 무릎, 손목, 어깨, 목 등의 관절을 푼다.

P.40 참고

보통 걷기 10분

허리를 펴고 배를 등쪽으로 당긴다. 발뒤꿈치, 발바닥, 발가락 순으로 무게중심을 옮긴다.

Q 걷는 게 너무 지겨워요. 좋은 방법이 없을까요?

A 걷기 운동이 지겹게 느껴진다면 너무 편하게 운동하는 것은 아닐까요? 실제로 걸어 보면 느끼겠지만 바른 자세를 유지한 채 일정한 속도로 계속 빨리 걷기는 의외로 힘들답니다. 집중력이 필요해서 지루할 틈이 없지요.

그래도 걷기가 지겹다면 운동 코스를 바꿔 보세요. 장소가 달라지면 같은 운동이라도 신선하게 느껴져요. 또 오래 걷는 것이 지겨울 때는 음악을 들으면 좋아요. 운동이 끝날 즈음에 자신이 제일 좋아하는 음악이 나오도록 재생 순서를 정하면, 좋아하는 음악이 나오기를 기다리는 즐거움에 오래 걸어도 지겹지 않을 거예요.

3 P.41 참고

빨리 걷기 50분

허리를 펴고 배를 등쪽으로 당긴다.
발뒤꿈치, 발바닥, 발가락 순으로 무게중심을 옮긴다.
옆 사람과 이야기를 나눌 수 있는 정도의 속도로 걷는다.

5 P.40 참고

천천히 걷기 5분

바른 자세를 유지하며 걷는다.

6 P.47~48 참고

스트레칭

허벅지, 종아리, 목, 옆구리를 늘인다.

신진대사를 촉진하고, 근지구력과 심폐지구력을 키운다

고강도 파워 워킹

* 프로그램이 너무 힘들면 1~2일은 전 주 프로그램으로,
4~6일은 이번 주 프로그램으로 운동한다.

P.42~43 참고

준비 운동

가볍게 뛰면서 손목,
발목을 털고, 종아리
를 늘인다.

P.46~47 참고

스트레칭

발목, 무릎, 손목, 어
깨, 목 등의 관절을
푼다.

P.41 참고

빨리 걷기 30분

허리를 펴고 배를 등
쪽으로 당긴다.
발뒤꿈치, 발바닥, 발
가락 순으로 무게중
심을 옮긴다.
옆 사람과 이야기를
나눌 수 있는 정도의
속도로 걷는다.

P.40 참고

보통 걷기 10분

허리를 펴고 배를 등
쪽으로 당긴다.
발뒤꿈치, 발바닥, 발
가락 순으로 무게중
심을 옮긴다.

김사라가 알려 줘요

Q 파워 워킹을 하면 발목이 너무 아픈데 왜 그렇죠?

A 파워 워킹은 속도가 빠르고 칼로리 소비량도 보통 걷기보다 두 배나 많아 걷기 중에서는 강도가 높은 운동이에요. 그만큼 몸에 무리가 가는 것은 당연하지요. 보통 걷기를 할 때처럼 발뒤꿈치, 발바닥, 발가락 순으로 땅을 차듯이 걸어야 하는데, 운동 효과를 높이려고 발뒤꿈치에 지나치게 힘을 주어 걸으면 발목이 아플 수 있어요. 걷는 중간 중간 발목을 돌리는 등 스트레칭을 해 가며 걸으세요. 걷다 보면 조금씩 자신의 몸에 무리가 가지 않는 자세를 찾을 수 있어요.

3

P.41 참고

파워 워킹 30분

- 팔을 90도로 구부려 가슴 높이까지 힘차게 흔든다.
- 무릎과 종아리를 곧게 내딛는다.
- 숨이 찰 정도의 속도를 유지한다.

4

P.40 참고

보통 걷기 10분

- 허리를 펴고 배를 등쪽으로 당긴다.
- 발뒤꿈치, 발바닥, 발가락 순으로 무게중심을 옮긴다.

7

P.44~45 참고

마무리 운동

무릎, 발목, 허리, 종아리 등을 가볍게 풀고 늘인다.

8

P.47~48 참고

스트레칭

허벅지, 종아리, 목, 옆구리를 늘인다.

week 6

빨리 걷기와 천천히 걷기를 반복해 칼로리 연소율을 높인다

파워 워킹+인터벌 워킹 1시간 30분

* 프로그램이 너무 힘들면 1~2일은 전 주 프로그램으로,
  4~6일은 이번 주 프로그램으로 운동한다.

1 P.42~43 참고

준비 운동

가볍게 뛰면서 손목, 발목을 털고, 종아리를 늘인다.

2 P.46~47 참고

스트레칭

발목, 무릎, 손목, 어깨, 목 등의 관절을 푼다.

5 P.41 참고

인터벌 워킹 30분

파워 워킹 10분 - 천천히 걷기 1분을 1세트로 3세트 한다.

6 P.40 참고

보통 걷기 10분

허리를 펴고 배를 쪽으로 당긴다. 발뒤꿈치, 발바닥, 가락 순으로 무게 심을 옮긴다.

김사라가 알려 줘요

Q 걷고 나서 집에 오면 배가 너무 고파요. 참아야 하나요?

A 걷기 운동을 하면 초반에 탄수화물을 사용하기 때문에 얼마간 시간이 지나면 무척 배가 고파요. 특히 저녁에 운동을 하면 배가 너무 고파 잠이 안 오지요. 이때는 우유를 따뜻하게 데워서 마셔 보세요. 운동으로 쌓인 피로도 풀리고 잠도 잘 온답니다. 우유가 소화가 잘 안 되는 사람은 방울토마토나 오이와 같이 칼로리가 낮은 채소를 드세요.

3 P.41 참고

파워 워킹 30분

팔을 90도로 구부려 가슴 높이까지 힘차게 흔든다.
무릎과 종아리를 곧게 내딛는다.
숨이 찰 정도의 속도를 유지한다.

4 P.40 참고

보통 걷기 10분

허리를 펴고 배를 등쪽으로 당긴다.
발뒤꿈치, 발바닥, 발가락 순으로 무게중심을 옮긴다.

7 P.44~45 참고

마무리 운동

무릎, 발목, 허리, 종아리 등을 가볍게 풀고 늘인다.

8 P.47~48 참고

스트레칭

허벅지, 종아리, 목, 옆구리를 늘인다.

week7

시간을 늘려 운동 효율을 높인다
파워 워킹+인터벌 워킹 2시간

* 프로그램이 너무 힘들면 1~2일은 전 주 프로그램으로,
  4~6일은 이번 주 프로그램으로 운동한다.
* 강도를 더하고 싶으면 가벼운 덤벨이나 500mL의 물병을 들고 걷는다.

P.42~43 참고

1 준비 운동

가볍게 뛰면서 손목,
발목을 털고, 종아리
를 늘인다.

P.46~47 참고

2 스트레칭

발목, 무릎, 손목, 어
깨, 목 등의 관절을
푼다.

P.41 참고

5 빨리 걷기 30분

허리를 펴고 배를 등
쪽으로 당긴다.
발뒤꿈치, 발바닥, 발
가락 순으로 무게중
심을 옮긴다.
옆 사람과 이야기를
나눌 수 있는 정도의
속도로 걷는다.

P.41 참고

6 인터벌 워킹 30분

파워 워킹 10분 - 천
천히 걷기 1분을 1세
트로 3세트 한다.

김사라가 알려 줘요

Q 2시간의 운동 시간을 낼 수가 없어요. 방법이 없을까요?

A 직장에 다니는 경우에는 2시간을 한꺼번에 내기가 쉽지 않을 거예요. 그럴 때는 준비 운동 + 전신 스트레칭 + 파워 워킹 10분 + 보통 걷기 10분 + 빠르게 걷기 10분 + 인터 벌 워킹 10분 + 천천히 걷기 5분 + 마무리 운동 + 스트레칭으로 1시간씩 두 번에 나누 어서 아침과 저녁에 운동하세요.

너무 바빠서 1시간도 낼 수 없다면 빨리 20분 이상 걷기를 틈틈이 하세요. 20분 이상만 걸으면 한 번에 2시간을 걸어도, 네 번에 나눠서 걸어도 운동 효과에는 큰 차이가 없는 것이 걷기이 장점이에요.

3 P.41 참고

파워 워킹 30분

팔을 90도로 구부려 가슴 높이까지 힘차 게 흔든다.
무릎과 종아리를 곧 게 내딛는다.
숨이 찰 정도의 속도 를 유지한다.

4 P.40 참고

보통 걷기 20분

허리를 펴고 배를 등 쪽으로 당긴다.
발뒤꿈치, 발바닥, 발 가락 순으로 무게중 심을 옮긴다.

7 P.40 참고

천천히 걷기 10분

바른 자세를 유지하 며 걷는다.

8 P.44~45 참고

마무리 운동

무릎, 발목, 허리, 종 아리 등을 가볍게 풀 고 늘인다.

9 P.47~48 참고

스트레칭

허벅지, 종아리, 목, 옆구리를 늘인다.

week**8**

근육량을 늘려 평생 살 안찌는 체질로 바꾼다
근력 운동+걷기 1시간 30분

* 프로그램이 너무 힘들면 1~2일은 전 주 프로그램으로,
  4~6일은 이번 주 프로그램으로 운동한다.
* 강도를 더하고 싶으면 가벼운 덤벨이나 500mL의 물병을 들고 걷는다.

1

P.42~43 참고

준비 운동

가볍게 뛰면서 손목,
발목을 털고, 종아리
를 늘인다.

2

P.46~47 참고

스트레칭

발목, 무릎, 손목, 어
깨, 목 등의 관절을
푼다.

5

P.41 참고

인터벌 워킹 30분

파워 워킹 10분 – 천
천히 걷기 1분을 1세
트로 3세트 한다.

6

P.40 참고

천천히 걷기 10분

바른 자세를 유지하
며 걷는다.

김사라가 알려 줘요

Q 근력 운동은 안 하면 안 되나요?

A 안 되는 건 아니지만, 이왕 힘들게 운동하는 김에 지방만 뺄 것이 아니라 몸매까지 가꾸면 더 좋겠죠? 근력 운동은 유산소 운동으로 지방이 빠진 살이 처지지 않도록 잡아 주고 몸매도 다듬어 줘요. 탄력 있는 몸매를 원한다면 근력 운동을 빼 놓지 마세요. 게다가 근력과 기초대사량은 비례하게 때문에 근력 운동으로 기초대사량을 높이면 맛있는 음식을 예전보다 더 많이 먹을 수 있답니다.

3 P.58~63 참고

근력 운동 20분

상체에서 하체 순으로 운동한다.
예 덤벨 들었다 내리기 – 무릎 대고 팔굽혀 펴기 – 역기처럼 덤벨 들기 – 앉아서 무릎 들어올리기 – 투명의자에 앉았다 일어나기

4 P.41 참고

파워 워킹 30분

팔을 90도로 구부려 가슴 높이까지 힘차게 흔든다.
무릎과 종아리를 곧게 내딛는다.
숨이 찰 정도의 속도를 유지한다.

7 P.44~45 참고

마무리 운동

무릎, 발목, 허리, 종아리 등을 가볍게 풀고 늘인다.

8 P.47~48 참고

스트레칭

허벅지, 종아리, 목, 옆구리를 늘인다.

8주로 부족하다면 12주에 도전!  **+4주 프로그램**

+week 1

덤벨과 모래주머니로 강도를 높인다

근력 운동+파워 워킹

* 준비 운동, 마무리 운동, 스트레칭은 8주째의 동작을 기준으로
  익숙한 것을 한다.

1

P.42~43 참고

준비 운동 →

가볍게 뛰면서 손목,
발목을 털고, 종아리
를 늘인다.

2

P.46~47 참고

스트레칭 →

발목, 무릎, 손목, 어
깨, 목 등의 관절을
푼다.

5

P.41 참고

**덤벨과 모래주머니를
이용한 파워 워킹 30분** →

· 발목에 모래주머니를 차
고, 덤벨을 든다.
· 팔의 각도를 90도로 유지
한다.

6

P.40 참고

천천히 걷기 5분

바른 자세를 유지하
며 걷는다.

김사라가 알려 주요

Q 덤벨과 모래주머니는 어떤 효과가 있나요?

A 걸을 때 2kg 정도의 무게를 실어 걸으면 한 걸음당 0.5kcal 정도가 더 소비된다고 해요. 같은 거리, 같은 시간 걸을 경우 무게를 더해 걷는 것이 더 효과적이라는 것이지요. 덤벨이나 모래주머니가 무거우면 500mL의 물병에 들고 걸어도 돼요. 양손에 무언가 들고 있는 것이 걷는 데 방해된다면 배낭에 생수병이나 덤벨을 넣어 어깨에 메고 걸으세요. 자세도 유지하기 쉽고 무게도 더할 수 있어 좋아요.

3 P.58~63 참고

근력 운동 20분

상체에서 하체 순으로 운동한다.

예 덤벨 들었다 내리기 – 무릎 대고 팔굽혀펴기 – 역기처럼 덤벨 들기 – 앉아서 무릎 들어올리기 – 투명의자에 앉았다 일어나기

4 P.46~48 참고

다리 스트레칭

종아리와 허벅지를 늘인다.

7 P.44~45 참고

마무리 운동

무릎, 발목, 허리, 종아리 등을 가볍게 풀고 늘인다.

8 P.47~48 참고

스트레칭

허벅지, 종아리, 목, 옆구리를 늘인다.

근력 운동을 늘려 몸매를 다듬는다
근력 위주의 파워 워킹

* 준비 운동, 마무리 운동, 스트레칭은 8주째의 동작을 기준으로
  익숙한 것을 한다.

+week**2**

P.42~43 참고

준비 운동

가볍게 뛰면서 손목,
발목을 털고, 종아리
를 늘인다.

P.46~47 참고

스트레칭

발목, 무릎, 손목, 어
깨, 목 등의 관절을
푼다.

P.41 참고

**덤벨과 모래주머니를
이용한 인터벌 워킹 30분**

발목에 모래주머니를 차
고, 덤벨을 든다.
팔의 각도를 90도로 유지
한다.
파워 워킹 10분 – 천천히
걷기 1분을 1세트로 3세
트 한다.

P.41 참고

파워 워킹 10분

팔을 90도로 구부려
가슴 높이까지 힘차
게 흔든다.
무릎과 종아리를 곧
게 내딛는다.
숨이 찰 정도의 속도
를 유지한다.

김사라가 알려 줘요

Q 오랫동안 걷다 보니 걸으면서도 배가 고파요. 먹어도 되나요?

A 2시간 이상 걷다 보면 아무리 낮은 강도의 운동이라도 배가 많이 고파요. 이럴 때를 대비해 간식을 준비해 가세요. 말린 고구마를 깎아서 가져가면 좋은데, 준비하기가 번거로우면 건강보조식품을 이용해도 돼요.

3 P.58~63 참고

근력 운동 20분

상체에서 하체 순으로 운동한다.
예 덤벨 들었다 내리기 – 무릎 대고 팔굽혀펴기 – 역기처럼 덤벨 들기 – 앉아서 무릎 들어올리기 – 투명의자에 앉았다 일어나기

4 P.46~48 참고

다리 스트레칭

종아리와 허벅지를 늘인다.

7 P.40 참고

천천히 걷기 5분

바른 자세를 유지하며 걷는다.

8 P.44~45 참고

마무리 운동

무릎, 발목, 허리, 종아리 등을 가볍게 풀고 늘인다.

9 P.47~48 참고

스트레칭

허벅지, 종아리, 목, 옆구리를 늘인다.

+week3

부위별 집중 운동으로 근육을 단련한다
집중 근력 운동+파워 워킹

* 준비 운동, 마무리 운동, 스트레칭은 8주째의 동작을 기준으로
익숙한 것을 한다.

1

P.42~43 참고

준비 운동

가볍게 뛰면서 손목,
발목을 털고, 종아리
를 늘인다.

2

P.46~47 참고

스트레칭

발목, 무릎, 손목, 어
깨, 목 등의 관절을
푼다.

5

P.41 참고

덤벨과 모래주머니를
이용한 파워 워킹 30분

발목에 모래주머니를 차
고, 덤벨을 든다.
팔의 각도를 90도로 유지
한다.
파워 워킹 10분 – 천천히
걷기 1분을 1세트로 3세
트 한다.

6

P.41 참고

파워 워킹 20분

팔을 90도로 구부려
가슴 높이까지 힘차
게 흔든다.
무릎과 종아리를 곧
게 내딛는다.
숨이 찰 정도의 속도
를 유지한다.

김사라가 알려 줘요

Q 근력 운동을 한 부위만 집중해서 하는 이유는 무엇인가요?

A 원래 근력 운동은 한 부위씩 집중적으로 하는 것이 효과적이에요. 하지만 운동 초보자는 근육에 강한 자극을 주는 게 부담이 되고, 근력 운동을 한 부위에 집중해서 할 만한 체력이 안 돼요. 그래서 운동을 처음 하는 사람은 1주일에 세 번 이상 한 부위씩 돌아가면서 전체적으로 운동을 해요. 자극을 강하게 줄 수 없는 대신 횟수를 늘리는 거죠. 하지만 8주째부터 걷기와 함께 근력 운동을 병행해 왔다면, 슬슬 한 부위 집중 근력 운동을 할 만한 체력이 생겼을 거예요. 이제부터가 진짜 근력 운동의 효과를 맛볼 때랍니다.

3 P.58~63 참고

한 부위 집중 근력 운동 30분

하루에 한 부위씩 운동한다.
예 월 : 덤벨 들었다 내리기 30회 3세트 –
화 : 머리 위로 덤벨 들었다 내리기 30회 3세트

4 P.46~48 참고

다리 스트레칭

종아리와 허벅지를 늘인다.

7 P.40 참고

천천히 걷기 5분

바른 자세를 유지하며 걷는다.

8 P.44~45 참고

마무리 운동

무릎, 발목, 허리, 종아리 등을 가볍게 풀고 늘인다.

9 P.47~48 참고

스트레칭

허벅지, 종아리, 목, 옆구리를 늘인다.

근력 운동과 유산소 운동을 반복해 최고의 효율을 끌어낸다
서킷 트레이닝 파워 워킹

* 준비 운동, 마무리 운동, 스트레칭은 8주째의 동작을 기준으로
  익숙한 것을 한다.

1

P.42~43 참고

준비 운동

가볍게 뛰면서 손목,
발목을 털고, 종아리
를 늘인다.

2

P.46~47 참고

스트레칭

발목, 무릎, 손목, 어
깨, 목 등의 관절을
푼다.

4

P.41 참고

파워 워킹 50분

팔을 90도로 구부려
가슴 높이까지 힘차
게 흔든다.
무릎과 종아리를 곧
게 내딛는다.
숨이 찰 정도의 속도
를 유지한다.

5

P.40 참고

천천히 걷기 5분

바른 자세를 유지하
며 걷는다.

김사라가 알려 줘요

Q 서킷 트레이닝은 어떤 운동인가요?

A 서킷 트레이닝(circuit training)은 1953년 영국에서 시작된 종합 체력 트레이닝 방법으로 '순환 운동'으로도 해요. 한 부위를 집중해서 운동하면 대부분 지쳐서 운동을 오래 할 수 없는데, 서킷 트레이닝은 운동 하나가 끝나면 그 운동과 다른 근육을 쓰는 운동을 새로 시작하기 때문에 지치지 않고 계속 할 수 있어요. 그렇게 전신의 근육을 골고루 이용해 최고의 운동 효율을 이끌어내는 것이지요.

서킷 트레이닝은 근력 운동과 유산소 운동을 빠르게 반복함으로써 칼로리 소모율을 높이고, 심폐지구력을 늘리며, 근지구력도 크게 발달시켜 전체적으로 튼튼한 몸을 만들어요. 다양한 운동을 빠르게 바꾸면서 하기 때문에 지루하지 않고, 짧은 시가 안에 운동을 끝마칠 수 있다는 것도 장점이에요.

3 P.58~63, P.41~42 참고

근력 운동과 걷기 반복 40분

근력 운동을 1세트 하고 바로 걷기를 반복한다.
예 무릎 대고 팔굽혀펴기 20회 1세트 – 파워 워킹 1분 – 역기처럼 덤벨 들기 20회 1세트 – 파워 워킹 1분 – 투명의자에 앉았다 일어나기 20회 1세트 – 파워 워킹 1분

6 P.44~45 참고

마무리 운동

무릎, 발목, 허리, 종아리 등을 가볍게 풀고 늘인다.

7 P.47~48 참고

스트레칭

허벅지, 종아리, 목, 옆구리를 늘인다.

피로와 상처 걱정 없는 발 건강법

마사지 & 족욕 & 응급 처치

오래 걷다 보면 다리가 붓기도 하고 발에 물집이 생기기도 한다.
다리의 피로를 푸는 마사지, 혈액순환을 돕는 족욕, 부상 예방과 응급 처치 방법을 정리했다.
기억해 두면 언제나 즐겁고 건강하게 운동할 수 있다.

발과 다리의 피로를 풀어 주는 림프 마사지

* 순서대로 매일 매일 한다.

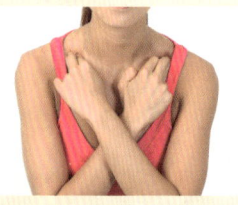

① 양손으로 서로 반대쪽 쇄골 가운데에 있는 림프종을 20~30초 자극한다. 3회 반복한다.

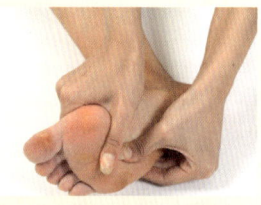

② 양 발바닥을 중앙에서 발가락 쪽으로 혈액순환을 돕듯이 손끝에 힘을 주어 문지른다. 20회 반복한다.

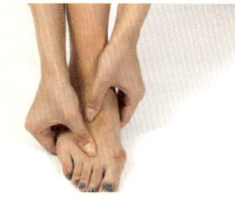

③ 양 발등을 중앙에서 발가락 쪽으로 혈액순환을 돕듯이 손끝에 힘을 주어 문지른다. 20회 반복한다.

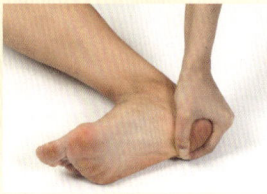

④ 복사뼈부터 발뒤꿈치 쪽으로 전체를 감싸듯이 문지른다. 양쪽 모두 20회 반복한다.

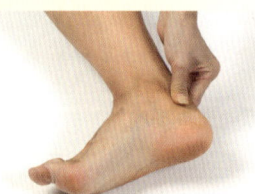

⑤ 복사뼈의 움푹 들어간 곳을 시계 방향으로 문지른다. 양쪽 모두 20회 반복한다.

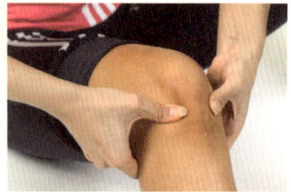

⑥ 무릎을 양손으로 감싸 엄지손가락에 힘을 주어 시계 방향으로 문지른다. 양쪽 모두 20회 반복한다.

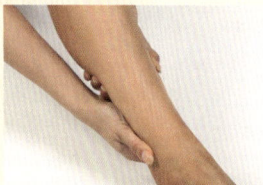

⑦ 다리를 양 손가락으로 감싸 무릎부터 발목까지 천천히 주무른다. 양쪽 모두 20회 반복한다.

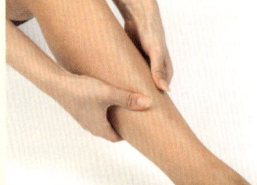

⑧ 종아리 중앙을 양손 네 손가락으로 감싸듯이 잡고 발목부터 무릎까지 세게 주무른다. 양쪽 모두 30~40회 반복한다.

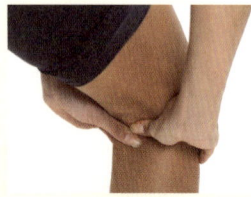

⑨ 의자에 앉아 무릎 안쪽의 움푹 들어간 곳을 양 엄지손가락으로 힘 있게 누른다. 양쪽 모두 20회 반복한다.

혈액순환을 도와 부기를 빼는 족욕

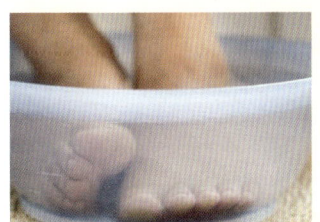

얼음물과 따뜻한 물을 이용하면 발의 피로를 빠르게 풀 수 있다. 한쪽에는 얼음물, 다른 한쪽에는 40~50℃의 따뜻한 물을 준비해 먼저 얼음물에 1분 정도 발을 담갔다가 따뜻한 물에 다시 1분 정도 담근다. 번갈아 담그기를 5~6회 반복한다.

부상을 예방 · 치료하는 응급 처치

오래 걸어 발바닥이 아플 때

일회용 반창고, 거즈 등 간단한 응급 처치 세트를 가져가는 것이 좋다. 특히 8주 프로그램 중 3주부터는 운동 시간이 길기 때문에 운동 도중에 통증을 느낄 수 있다. 걷다가 발바닥이 뜨거워지거나 찌르는 것 같은 통증이 느껴진다면 걷기를 멈추고 발바닥을 확인한다. 물집이 잡히려고 하면 반창고를 붙이거나 거즈를 대어 물집이 더 이상 커지지 않도록 한다.

발목을 삐었을 때

부목을 대어 발목이 움직이지 않게 해야 한다. 심하면 병원으로 가서 깁스를 한다. 발목이 나을 때까지 운동을 중단하고, 집에서 다친 부위에 얼음찜질을 한다. 3~4시간 간격으로 20~30분씩 하면 효과적이다. 이때 얼음주머니를 너무 오랫동안 대고 있으면 동상에 걸릴 수 있으니 주의한다. 압박붕대를 감는 것도 도움이 된다. 발끝에서 종아리까지 붕대 폭의 1/3 정도 겹쳐 가며 너무 조이지 않게 감는다. 발을 가슴보다 15cm 정도 높이 두면 부기가 빨리 가라앉는다.

신발에 발이 쓸려 물집이 생겼을 때

① 물집을 터뜨릴 바늘을 잘 소독한다.
② 상처 부위를 알코올로 소독한다.
③ 물집 가장자리를 바늘로 찔러 물집을 터뜨린다.
④ 흐르는 진물을 탈지면으로 닦아낸다. 되도록 진물이 남지 않도록 한다.
⑤잡균이 들어가지 않게 소독약으로 소독한다. 물집의 껍질은 벗기지 않는다.
⑥ 일회용 반창고로 붙인다.

Part4

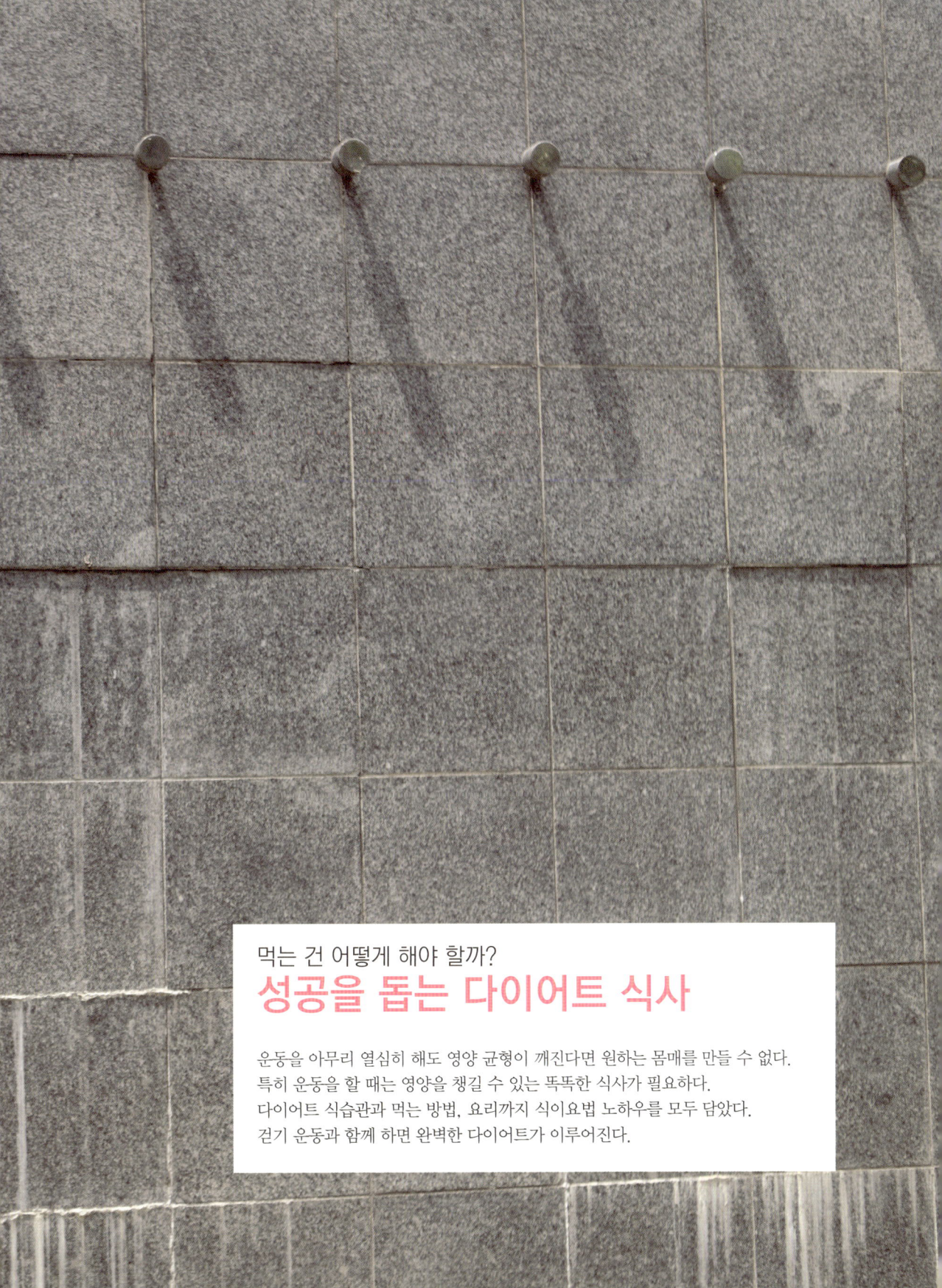

먹는 건 어떻게 해야 할까?

성공을 돕는 다이어트 식사

운동을 아무리 열심히 해도 영양 균형이 깨진다면 원하는 몸매를 만들 수 없다.
특히 운동을 할 때는 영양을 챙길 수 있는 똑똑한 식사가 필요하다.
다이어트 식습관과 먹는 방법, 요리까지 식이요법 노하우를 모두 담았다.
걷기 운동과 함께 하면 완벽한 다이어트가 이루어진다.

살찌는 식습관 뿌리 뽑기

운동도 나름대로 열심히 하고 먹는 것도 예전보다 줄였는데 잘 살이 빠지지 않는다면
식습관을 돌아 봐야 한다. 식이요법은 단순히 양을 줄이는 것만이 아니다.
같은 음식이라도 어떻게 먹느냐에 따라 전혀 다른 결과가 나타난다.

버려야 할 식습관

굶었다가 한꺼번에 먹는다

음식을 한 번에 몰아 먹으면 스트레스가 쌓여 다이어트를 지속하기 힘들고, 요요현상이 오기도
쉽다. 또 굶었다가 한꺼번에 먹으면 고칼로리, 고탄수화물 음식을 찾게 되고, 보상심리가 발동
해 과식하게 된다. 이런 식습관이 반복되면 조금만 먹어도 몸속에 더 많이 흡수되어 살이 잘 찌
는 체질로 변한다. 한 번에 몰아 먹던 양을 세 번 정도로 나누어 먹는 것이 좋다.

배가 부를 때까지 먹는다

배가 부르다는 것은 필요 이상의 에너지가 들어왔으니 남은 에너지는 체지방으로 전환하겠다는
신호이다. 조금 아쉬운 마음이 들 때 숟가락을 놓는 습관, 조금씩 자주 먹는 습관을 들인다. 양
을 갑자기 줄이는 것이 어렵다면 음식을 한 입에 서른 번씩 씹어 삼킨다. 오래 씹어 먹으면 뇌
에서 포만감을 느껴 과식을 막을 수 있다.

남들이 먹는 대로 따라 먹는다

혼자 있을 때는 식사 조절을 잘 하다가 밖에서 많이 먹는 사람들이 있다. 이런 사람들은 깨작깨
작 먹는 모습이 보기 안 좋아서, 음식을 남기고 싶지 않아서, 다른 사람들과 식사 속도를 맞추
다 보니 등의 이유를 든다. 또 배가 고프지 않은데도 남들이 먹으니까 같이 먹기도 한다. 이런
식습관은 자신이 정말 언제 배가 고픈지, 얼마나 먹어야 되는지 알기 어렵기 때문에 살이 찌기
쉽다.

그릇을 깨끗하게 비운다

음식을 남기는 것은 좋지 않지만, 배가 부른데도 꾸역꾸역 먹는 것 역시 현명한 식사법이 아니
다. 특히 밖에서 사 먹는 음식은 1인분의 양이 많아 과식하게 되는 경우가 많다. 음식의 양이 많
으면 미리 덜어 놓고 먹는다.

피해야 할 음식

라면

라면은 짜고 기름지고 영양 면에서도 좋지 않다. 기름에 튀긴 면도
문제지만 1일 나트륨 권장량의 90%에 육박하는 국물은 반드시 피
해야 할 적이다.

라면을 끓일 때는 먼저 면을 뜨거운 물에 삶아 찬물에 한 번 헹궈서
기름기를 뺀다. 양파를 넣고 삶는 것도 기름기를 빼는 데 효과적이다.
나트륨이 많은 분말수프는 반만 넣고 마지막에 우유를 넣는다. 우유의 칼륨 성분이 라면 수프의
나트륨을 배출해 부기를 막는다. 이런 과정이 귀찮고 라면을 포기할 수도 없다면 튀기지 않은
라면, 곤약을 넣어 만든 라면 등을 고른다.

햄·소시지

고기는 지방이 많지만 지방을 떼고 먹으면 훌륭한 단백질 공급원이
다. 하지만 햄이나 소시지는 다르다. 발색제, 아질산나트륨과 같은
화학첨가물이 잔뜩 들어 있다. 나트륨 함량이 높은 것도 문제.
고기를 먹고 싶으면 가공하지 않은 고기를 사 먹고, 소시지가 끌린다면
화학첨가물이 들어가지 않은 수제 소시지를 고른다. 닭가슴살로 만든 수
제 소시지도 좋다. 그래도 햄이나 소시지를 꼭 먹고 싶다면 뜨거운 물에 살짝
데쳐서 먹는다. 나쁜 성분을 어느 정도 뺄 수 있다.

빵·과자

빵과 과자는 GI가 높고 방부제도 들어 있어 좋지 않다. 여기에
맛을 내기 위해 여러 화학첨가물이 들어가 있기 쉽다. 게다가 자극
적인 맛을 내는 과자에 익숙해지면 다른 음식도 달고 짜고 기름지게
먹게 된다. 실제로 빵과 과자 등의 밀가루 음식만 잠시 끊어도 살이 빠지는
것은 물론 피부가 좋아지고 체질도 바뀐다는 보고가 있다. 입이 궁금하다면
빵이나 과자 대신 과일이나 견과류를 먹는다.

탄산음료

콜라 1캔에는 각설탕 10개 정도에 해당하는 당분이 들어 있다. 게다가
탄산음료의 당분은 설탕보다 흡수가 빠르고, 특히 식사 중이나 식후에
마시면 혈당치를 빠르게 높여 체지방이 쉽게 쌓인다.

제로 칼로리 음료라고 해서 안심할 일은 아니다. 설탕 대신 아스파탐 등
설탕의 200배나 단맛이 강한 고밀도 합성감미료를 넣기 때문에 너무 자
주 먹으면 부작용을 일으킬 수 있다. 저칼로리 음료에 들어간 인공적인 당
성분이 다른 당을 더 섭취하도록 유도한다는 분석도 있다.

살 빠지는 식습관 들이기

식습관만 잘 들어 있어도 살찔 걱정은 없다. 필요한 영양소는 충분히 섭취하고
지방과 나트륨은 절제하는 똑똑한 식습관을 몸에 익힌다면 성공을 예약한 것이나 다름없다.
기억해야 할 식사법과 식품을 정리했다.

절대로 살찌지 않는 식사법

과일은 아침이나 운동 전후에 먹는다

과일은 식이섬유, 비타민, 미네랄이 풍부하고 칼로리가 낮
으면서 포만감이 커서 다이어트에 좋다. 하지만 과당이 많
으므로 신진대사가 높고 음식이 체지방으로 잘 쌓이지 않는
아침에 먹어야 한다.
운동 전후에도 과일을 먹으면 좋다. 운동을 할 때 에너지원인
탄수화물이 부족하면 근손실이 일어나 살이 잘 찌는 체질이 된다.
운동하기 2시간 전에 과일, 고구마, 감자 등의 탄수화물 식품을 먹는다.
운동 후 역시 고갈된 탄수화물을 보충하기 위해 과일과 과일 주스 등 흡수가 빠른 단당류 식품을
먹는 것이 좋다.

빵이나 밥은 아침이나 점심에 먹는다

빵과 밥은 신진대사가 활발한 아침이나 점심 때 먹는다. 저녁에는 체지방으로 저장되기 쉽기 때
문에 식사할 때도 평소 양보다 절반 정도 적게 먹는 것이 좋다. 단, 저녁에 근력 운동을 하는 경
우에는 탄수화물을 먹어야 근육 내 단백질이 분해되는 것을 막을 수 있으므로 운동하기 1~2시
간 전에 먹는다.

채소를 충분히 먹는다

채소는 미네랄, 비타민 등의 영양소를 보충하고 식이섬유가 풍부해 몸에 좋다. 채소를 많이 먹
으면 장속을 청소해 디톡스 효과도 볼 수 있다. 닭가슴살에 양배추, 파프리카, 토마토 등의 채
소를 곁들여 샐러드로 먹어도 좋다. 단, 샐러드드레싱은 뿌리지 않는다. 샐러드드레싱 없이 먹
기가 힘들다면 오리엔탈 드레싱, 발사믹 드레싱 같은 묽은 드레싱을 뿌리거나 올리브 오일, 식
초를 넣어 먹는다.

고기는 지방을 떼고 양념 없이 먹는다

삼겹살이나 항정살 등 부드럽고 기름진 고기는 피하고, 먹을 때도 지방을 떼고 먹는다. 샤부샤부나 스테이크는 소스나 양념장을 절제한다면 훌륭한 다이어트 음식이다. 닭가슴살도 운동과 함께 먹으면 근육량을 늘려 주는 좋은 식품이다. 조리법으로 칼로리를 낮출 수도 있다. 지방이 많은 돼지고기도 삶아 먹으면 담백하게 즐길 수 있다.

물을 자주 마신다

물을 많이 마시면 혈액순환과 신진대사가 활발해져 노폐물이 잘 배출된다. 허기를 달래 주면서도 칼로리는 없어 하루에 1.5L 이상 마시면 좋다. 또한 주로 앉아서 일하는 사무직일 경우, 자주 물을 마셔서 화장실에 자주 가는 것도 운동량을 늘리는 한 방법이 될 수 있다.

꼭 먹어야 할 3대 식품

고단백 식품

다이어트 중에는 단백질 섭취가 아주 중요하다. 단백질이 다이어트로 손실되는 근육을 보충하고, 신진대사율을 높이는 근육량을 늘려 주기 때문이다. 또 탄수화물보다 포만감이 오래 가기 때문에 끼니 중간 중간 간식으로 먹으면 폭식을 막을 수 있다. 단백질 식품으로는 붉은 고기 외에 유제품이나 흰 살 생선, 콩, 두부, 달걀흰자, 우유 등도 좋다.

복합탄수화물 식품

복합탄수화물을 많이 섭취하면 혈액 내의 포화지방산이 줄어들고 비만의 원인이 되는 호르몬 활동이 개선되어 체중 감소에 효과적이다. 게다가 현미, 통밀 등의 복합탄수화물 식품에는 식이섬유, 비타민, 미네랄 등도 풍부해 일석이조다.
먼저 복합탄수화물이 풍부한 잡곡밥이나 현미밥으로 바꾼다. 외식을 할 때는 현미밥을 주문하거나 밥만 싸 가지고 가서 다른 반찬과 함께 먹으면 좋다. 빵이나 국수는 되도록 보리, 통밀, 메밀 식품을 고른다. 복합탄수화물은 이외에 버섯, 견과, 과일에도 많다.

저염식

짠 음식은 갈증을 일으켜 물을 많이 마시게 하고, 물 풍선처럼 세포 속에 수분을 가둬 몸이 붓게 만든다. 신진대사가 떨어지며 근육 발달이 방해받아 살이 찌고 몸매가 미워진다. 음식을 싱겁게 먹으면 몸속의 불필요한 수분이 빠져나가고, 짜게 먹을 때보다 식욕이 줄어 적게 먹는 효과를 볼 수 있다.
찌개 등 국물이 있는 음식은 건더기만 건져 먹고 국물은 남긴다. 김치나 장아찌 등은 나트륨 함유량이 너무 많으니 물에 씻어 먹거나 오이, 무를 식초에 절여 먹는 것으로 대체한다.

영양은 챙기고, 칼로리는 줄이고

김사라의 1주일 식단

소개하는 식단은 김사라의 실제 식단이다. 아주 간소해 보일 수 있지만 끼니마다 3대 영양소의 균형을 맞춘
건강 식단이다. 그대로 따라 해도 좋고, 따라 하기 힘들다면 저녁에 채소와 단백질 식품 위주로 먹고
몸에 안 좋은 가공식품들을 피하는 것부터 시작해 본다.

이것만은 지키세요

아침은…

아침은 신진대사가 제일 활발한 시간대여서 탄수화물을 먹어도 금세 지방으로 쌓이지 않는다. 플
레인 베이글 반 개나 시리얼 2/3컵 정도를 먹는다. 아침을 먹으면 자는 동안 느려진 신진대사가
활발해지고 허기로 인한 폭식을 막을 수 있다. 사과나 바나나 등 과일도 아침에 먹는 것이 좋다.

간식은…

간식으로 채소를 먹으면 식사량을 줄일 수 있다. 또 배가 고플 때 먹을 게 없으면 아무거나 집
어 먹기 쉽다. 생채소를 항상 갖고 다니면서 배가 고프지 않도록 틈틈이 먹는다.

점심은…

도시락을 싸 가지고 다니는 것이 제일 좋지만, 도시락을 쌀 수 없다면 밥 양을 반으로 줄이고
최대한 싱겁게 먹는다. 국이나 찌개도 건더기만 건져 먹는다. 국물에 염분이 많기 때문이다. 닭
가슴살, 달걀흰자 등 단백질 위주의 식사를 하고 밥상에서도 탄수화물 식품은 맨 나중에 먹는
다. 도중에 배가 차면 탄수화물 식품은 남긴다.

저녁은…

신진대사가 느려지고 탄수화물이 체지방으로 전환되기 쉬우므로 되도록 탄수화물 섭취량을 줄
인다. 운동 초기에는 고구마나 단호박을 조금씩 곁들이고 익숙해지면 채소와 단백질 위주로 식
단을 짠다. 휴식을 충분히 취할 수 있도록 적어도 잠들기 4시간 전에는 식사를 끝낸다.

그밖에…

• 배고프지도, 배부르지도 않게 먹는다. 너무 배가 고픈 상태에서 식사를 하면 폭식하게 된다.
• 물을 수시로 마신다.
• 과일은 아침에 먹고, 채소는 저녁에 먹는다.
• 비타민이 부족해지지 않도록 과일을 꾸준히 먹는다.
• 빵이나 떡은 끊는다.

	아침	간식	점심	간식	저녁
월	고구마 130g (큰 것 1개) 또는 단호박 150g 닭가슴살 100g 또는 달걀흰자 3-4개	단호박 150g 달걀흰자 3-4개	현미밥 또는 잡곡밥 1/2 공기 생선구이 1/2토막 두부부침 3쪽 양파조림 양껏 버섯볶음 양껏 겨념 나물 양껏 국 또는 찌개 건더기만	방울토마토 7개 달걀흰자 3개	방울토마토 10개 달걀흰자 3-4개 무지방 우유 1컵
화	사과 1개(또는 자몽 1개, 오렌지 1개, 복숭아 1개, 수박 3쪽 중 택1) 닭가슴살 100g 또는 달걀흰자 3-4개 무지방 우유 1컵	닭가슴살 100g 오렌지주스 또는 포도주스 1컵	고구마 100g(중간 것 1개) 또는 단호박 150g 닭가슴살 150g 오렌지주스 1컵	방울토마토 7개 달걀흰자 3개	단호박 100g 드레싱 1작은술을 곁들인 닭가슴살샐러드 100g 무지방 우유 1컵
수	시리얼 1/3컵 닭가슴살 100g 또는 달걀흰자 2-3개 무지방 우유 1컵	방울토마토 10개 호두 또는 아몬드 15-20개	바나나 1개 달걀흰자 2-3개 오렌지주스 1컵	방울토마토 7개 달걀흰자 3개	방울토마토 10개 달걀흰자 3-4개 무지방 우유 1컵
목	바나나 1개 닭가슴살 100g 또는 달걀흰자 3-4개 무지방 우유 1컵	단호박 150g 달걀흰자 3-4개	현미밥 또는 잡곡밥 1/2공기 생선구이 1/2토막 두부부침 3쪽 양파조림 양껏 버섯볶음 양껏 겨념 나물 양껏 국 또는 찌개 건더기만	방울토마토 7개 달걀흰자 3개	단호박 100g 드레싱 1작은술을 곁들인 닭가슴살샐러드 100g 무지방 우유 1컵
금	고구마 130g(큰 것 1개) 또는 단호박 150g 닭가슴살 100g 또는 달걀흰자 3-4개	오렌지주스 또는 포도주스 1컵 닭가슴살 100g	고구마 100g (중간 것 1개) 또는 단호박 150g 닭가슴살 150g 오렌지주스 1컵	방울토마토 7개 달걀흰자 3개	방울토마토 10개 달걀흰자 3-4개 무지방 우유 1컵
토	사과 1개(또는 자몽 1개, 오렌지 1개, 복숭아 1개, 수박 3쪽 중 택1) 닭가슴살 100g 또는 달걀흰자 3-4개 무지방 우유 1컵	방울토마토 10개 호두 또는 아몬드 15-20개	바나나 1개 달걀흰자 2-3개 오렌지주스 1컵	방울토마토 7개 달걀흰자 3개	단호박 100g 드레싱 1작은술을 곁들인 닭가슴살샐러드 100g 무지방 우유 1컵
일	바나나 1개 닭가슴살 100g 또는 달걀흰자 3-4개 무지방 우유 1컵	단호박 150g 달걀흰자 3-4개	현미밥 또는 잡곡밥 1/2공기 생선구이 1/2토막 두부부침 3쪽 양파조림 양껏 버섯볶음 양껏 겨념 나물 양껏 국 또는 찌개 건더기만	방울토마토 7개 달걀흰자 3개	방울토마토 10개 달걀흰자 3-4개 무지방 우유 1컵

쉽고 간단한 다이어트 레시피
홈메이드 요리 & 주스

다이어트를 할 때는 음식을 직접 만들어 먹는 것이 무엇보다 좋다.
특별한 재료가 없어도, 요리 솜씨가 없어도 누구나 쉽게 만들 수 있는 홈메이드 요리를 소개한다.
맛있고 건강한 다이어트가 될 것이다.

맛있는 주말 별미 닭가슴살버섯볶음

재료(1인분) 닭가슴살 1쪽(100g), 여러 가지 버섯 100g, 양파 1/2개, 마늘 5개, 후춧가루 적당량, 올리브 오일 3큰술

만들기

① 닭가슴살을 먹기 좋은 크기로 자른다.

② 버섯은 씹는 맛이 있을 정도로 도톰하게 썰고, 양파도 반 갈라 도톰하게 썬다. 마늘은 다진다.

③ 팬에 올리브 오일을 두르고 다진 마늘, 버섯을 볶다가 양 파를 넣어 볶는다.

④ 양파가 투명해지기 시작하면 닭가슴살을 넣고 볶는다.

⑤ 닭가슴살이 익으면 후춧가루를 뿌린다.

나트륨 배출에 효과적인 미역줄기오이무침

재료(1인분) 미역줄기 60g, 오이 1/2개, 식초 2큰술

만들기

① 미역줄기를 찬물에 30분 정도 담갔다가 손으로 주물러 씻어 소금기를 뺀다.

② 소금기를 뺀 미역줄기를 끓는 물에 살짝 데친다.

③ 데친 미역줄기를 물에 헹궈 물기를 짠 뒤 먹기 좋은 크기 로 썬다.

④ 오이를 반 갈라 어슷하게 썰어 물기를 꼭 짠다.

⑤ 미역줄기와 오이를 한데 담고 식초를 뿌려 조물조물 무 친다.

바삭바삭 담백한 맛 달걀흰자과자

재료(1인분) 달걀 3개

만들기
① 달걀을 뜨거운 물에 10분간 삶는다.
② 삶은 달걀의 껍데기를 벗기고 흰자만 떼어 잘게 썬다.
③ 달걀흰자를 팬에 기름 없이 노르스름해질 때까지 볶는다.
④ 바삭하게 볶아지면 넓은 그릇에 옮겨 담아 식힌다.

변비 예방에 좋은 사과요구르트

재료(1인분) 사과 1개, 우유 50mL, 요구르트 3병

만들기
① 사과를 씻어서 씨를 빼고 껍질째 알맞은 크기로 썬다.
② 준비한 재료를 모두 믹서에 넣고 간다.

수분과 미네랄이 풍부한 오이토마토주스

재료(1인분) 오이 1½개, 토마토 1개, 양파 1개, 얼음 적당량

만들기
① 오이를 껍질째 소금으로 문질러 물에 헹군다.
② 토마토와 양파는 껍질을 벗긴다.
③ 모든 재료를 적당히 썰어 믹서에 넣고 간다.

달착지근하고 부드러운 양배추주스

재료(1인분) 양배추 100g, 레몬 1/2개, 우유 1/2컵, 꿀 조금

만들기
① 양배추의 잎을 떼서 깨끗이 씻어 채 썬다.
② 채 썬 양배추를 우유와 함께 믹서에 넣고 간다.
③ 레몬을 즙내어 뿌리고, 입맛에 따라 꿀을 조금 넣는다.

외출할 때도, 운동할 때도 맛있게

밖에서 먹는 식사 & 간식

다이어트 중에는 밖에서 먹는 음식이 고민이다.
도시락을 싸 가지고 다니는 게 쉽지 않다면 현명하게 사 먹는 법을 알아 두자.
김사라가 한 끼 메뉴와 간식 고르는 요령을 알려 주고, 실제 메뉴까지 골라 준다.

도시락 전문점에서는 비빔밥 위주로

한솥도시락 등의 도시락 전문점에서는 비빔밥처럼 채소가 많이 들어간 메뉴를 고른다. 500원 정도 더 내면 밥을 현미밥으로 바꿀 수도 있다. 현미밥은 따로 살 수도 있어 다른 음식점에 갈 때 이용하면 좋다.

튀김이 당길 때는 돈가스나 생선커틀릿보다 비교적 지방이 적은 오징어커틀릿을 고른다. 오징어는 단백질이 많고 콜레스테롤을 배출하는 타우린이 풍부해 좋은 다이어트 식품이다. 이 경우 채소나 과일이 부족하므로 별도로 판매하는 샐러드를 더 사서 함께 먹는다.

김사라의 추천 메뉴

• **채소불고기비빔밥**(밥 + 채소 + 불고기 + 고추장)

채소와 단백질을 균형 있게 섭취할 수 있는 메뉴다. 밥은 현미밥을 고르고, 고추장은 반만 덜어 먹거나 아예 뺀다. 고기에 어느 정도 양념이 되어 있어 고추장 없이도 먹을 만하다.

• **채소참치비빔밥**(밥 + 채소 + 참치 + 고추장 + 마요네즈 소스)

저칼로리 메뉴지만 소스에 마요네즈가 들어 있고 고추장의 염분도 무시할 수 없다. 소스는 되도록 적게 넣거나 빼고 먹는다.

편의점에서는 과일이나 달걀을

편의점은 간편하게 먹기 좋은 메뉴를 고를 수 있는 것이 장점이다. 샐러드는 물론 바나나, 달걀 등은 좋은 다이어트 메뉴이다. 1인분으로 나온 두부도 좋은데, 이때 함께 들어 있는 소스는 반만 뿌려 먹는다. 저지방 우유를 마시는 것도 좋다. 딸기우유나 초코우유, 요구르트 음료들은 당분이 많으니 내려놓는다.

- **바나나**

  보통 4~5개를 한 팩에 담아 파는데, 한 팩 사 두었다가 아침이나 간식으로 먹으면 좋다. 바나나는 탄수화물과 식이섬유가 풍부해 식사대용으로 손색이 없고, 면역력을 높여 주기도 한다. 걷기 운동이 끝나고 먹어도 좋다.

- **삶은 달걀**

  달걀은 훌륭한 단백질 식품이다. 단백질 외에도 지방, 칼슘, 철분, 비타민 등 탄수화물과 비타민 C를 제외한 거의 모든 영양소가 들어 있어 '완전식품'이라 불린다. 영양소가 풍부할 뿐 아니라 포만감을 주어 다이어트에 도움이 되는데, 노른자는 단백질도 많지만 지방도 많으니 많이 먹지 않도록 한다. 소금 없이 달걀만 먹는 것이 좋다.

- **저칼로리 커피**

  설탕이 들어가지 않은 아메리카노를 고른다. 커피는 이뇨작용이 있어 적절히 마시면 체내 수분 배출을 돕고 체지방 분해에도 효과적이다. 녹차나 검은콩차 등 차 종류도 좋다.

빵집에서는 샐러드나 통밀빵을

빵집에서는 샐러드를 고른다. 미리 1인분씩 포장되어 있어 밖에서 운동을 하다가 먹기에도 편하다. 단, 내용물에 따라 칼로리나 영양이 천차만별이므로 눈으로만 고르지 말고 칼로리를 비교해 본다. 드레싱은 빼거나 발사믹 소스 등 칼로리가 낮은 것을 고르고, 전체에 끼얹지 말고 찍어 먹는 것이 좋다.

빵은 우리밀빵이니 통밀빵이 좋다. 노폐물을 신속히 배출하여 체지방을 줄이고 신진대사를 촉진하는 데도 효과적이다.

김사라의 추천 메뉴

- **샐러드**

  다양한 채소를 한꺼번에 먹을 수 있고, 영양 균형을 맞추기도 쉽다. 하지만 재료나 드레싱에 따라 칼로리 차이가 많이 나므로 고를 때 주의한다.

  예) 로스트 치킨 샐러드 80kcal, 모차렐라 치즈 샐러드 225kcal, 시저 샐러드 420kcal, 크랜베리 치킨 샐러드 180kcal

- **우리밀빵 · 통밀빵**

  100% 우리밀빵은 방부제가 없고 표백을 하지 않아 몸에 좋다. 통밀빵은 GI가 낮아 포만감이 오래 가는 것이 특징이다.

카페에서는 아메리카노를

운동하다가 목이 말라 카페에 들른다면 과감히 물을 사서 나온다. 물이 싫다면 시럽을 넣지 않은 아메리카노나 차 종류를 고른다. 카페의 음료들은 한 잔에 200~600kcal나 한다.

스무디는 가게마다 칼로리가 다르다. 생과일을 갈아 만든 스무디는 칼로리가 낮은 편이지만, 목이 마를 때 걸쭉한 스무디를 먹으면 갈증이 더 심해질 수 있으니 이때는 피하는 것이 좋다.

요즘은 우유를 두유로 바꿔 주문할 수 있는 카페들도 있으니 적극 활용한다. 두유는 단백질, 아미노산, 이소플라본이 풍부해 혈중 콜레스테롤을 줄인다. 불포화지방산이 많은 것도 장점이다.

김사라의 추천 메뉴

• 라이스 칩 · 과일 칩

쌀과 곡물로 만든 라이스 칩과 과일이나 고구마를 말린 과일 칩은 카페에서 간편하게 먹기 좋고 건강에도 좋다. 라이스 칩에는 잼이 들어 있는데, 잼은 빼고 칩만 먹는다. 식사대용으로 먹어도 든든하다.

• 두유

아메리카노 외의 음료를 시킬 때 생크림을 빼는 것은 기본, 가능하다면 우유를 두유로 바꿔 주문한다.

운동할 때는 간편하게

야외에서 장시간 운동을 할 때는 물이나 이온 음료, 그리고 영양을 보충하고 허기를 달래줄 수 있는 간식을 챙긴다. 고구마, 바나나, 두유, 달걀 등을 싸 가지고 가면 좋지만 번거롭다면 말린 고구마나 과일을 준비하면 편하다. 포만감을 주고 맛도 있어 걷는 동안 즐거움을 더해 준다.

김사라의 추천 메뉴

• 고구마니아멜로우 · 고구마말랭이

호박고구마를 첨가물 없이 말린 제품. 든든해서 한 봉지를 두세 번에 나눠 먹을 수 있다. 일일이 껍질을 벗기기가 번거롭던 고구마를 걸으면서 간편하게 먹을 수 있다.

• 말린 블루베리 · 말린 프룬

블루베리는 칼로리가 낮고 복부 지방을 분해하는 효과가 있어 다이어트에 좋다. 서양 자두인 프룬은 칼륨이 풍부해 염분을 배출하고, 배변 작용을 촉진해 변비 예방에 좋다.

• 머슬비프

무염 처리된 쇠고기에 채소가 섞여 있어 한 끼 식사나 간식으로 먹기 편하다. 운동할 때뿐 아니라 평소 요리에도 활용할 수 있다.

사회생활과 다이어트 둘 다 잡는다

똑똑한 외식 노하우

평소 점심은 물론 생일파티, 회식 등 사회생활에서 피할 수 없는 것이 외식이다.
외식에서 흔들리면 자칫 공든 탑이 무너질 수 있다. 메뉴 선택부터 먹는 요령까지
현명한 외식 노하우를 공개한다.

메뉴를 고를 때는…

점심은 도시락이나 샐러드로

외식을 할 때 가장 좋은 것은 도시락을 싸 가지고 다니는 것이다. 도시
락을 준비하지 못했을 경우에는 빵집이나 카페에서 샐러드를 사서 드
레싱 없이 먹는다. 이도 저도 안 된다면 편의점에서 훈제달걀흰자나
닭가슴살 통조림을 사서 먹는다. 이때 어떤 음식이든 배부르게 먹지
않도록 주의한다. 조금 부족하다고 느낄 때 식사를 그만 두는 것이 가
장 적당한 양이다.

회사 동료들과 함께 먹는 즐거운 점심시간을 포기할 수 없다면 방울토
마토를 싸 가지고 다닌다. 다 같이 식사하기 전에 방울토마토로 어느
정도 배를 채우면 식사량을 줄일 수 있다.

술자리에서는 달걀찜과 과일샐러드를

알코올은 지방 분해 속도를 늦추는 데다 같이 먹는 안주도 자극적이
고 기름진 것들이 많다. 게다가 분위기에 휩쓸리기 쉽고 살짝 취해 기
분이 좋아지면 지금까지 했던 다이어트를 모두 잊고 정신없이 먹을 수
있어 더 위험하다. 이럴 때는 한 가지라도 부담 없이 먹을 수 있는 안
주를 시킨다. 단백질이 풍부한 달걀찜이나 땅콩 같은 견과류, 채소가
풍부한 샐러드가 좋다. 샐러드는 드레싱을 뿌리지 말라고 주문하거나
찍어 먹도록 한다.

또한 술을 한 잔 마실 때마다 물도 한 잔씩 함께 마시면 도움이 된다.
물이 술의 알코올을 희석해 주는 데다 포만감이 생겨 안주를 덜 먹게 되는 효과도 있다.
술자리에 가기 전에 가벼운 식사를 하는 것도 좋다. 배가 고픈 상태로 술을 마셨다가는 안주의
유혹을 뿌리치기 어려울 뿐 아니라 피부에도 좋지 않다.
술 마신 다음날도 방심해서는 안 된다. 나트륨이 많고 자극적인 해장국은 피하고, 콩나물이나
미나리로 만든 담백한 음식으로 속을 푼다.

이탈리아 레스토랑에서는 스테이크나 올리브오일 파스타를

이탈리아 레스토랑에는 밀가루 음식이 많지만 잘 고르면 몸에 좋은 음식을 먹을 수 있다. 토마토, 양상추 등 채소를 듬뿍 넣고 발사믹 식초를 뿌린 그린 샐러드나 소금과 후춧가루로만 간한 스테이크를 고른다. 스테이크는 소스가 곁들여져 나오는 곳도 있는데 소스를 따로 담아 달라고 부탁한다.

파스타는 올리브 오일과 마늘을 듬뿍 넣은 알리오 올리오나 토마토소스 파스타가 좋다. 올리브 오일은 피부에 좋은 비타민 E와 불포화지방산이 풍부해 피부를 매끈하게 할 뿐 아니라 다이어트에도 도움이 되니 평소에도 자주 먹는다.

한식집에서는 잡곡밥을

한식을 먹을 때는 칼로리나 GI가 낮은 채소 위주의 반찬을 골라 잡곡밥 반 그릇과 함께 먹는다. 되도록 가공되지 않은 자연식품을 선택하고 간도 아주 싱겁게 해 달라고 부탁한다. 국이나 찌개는 소금과 조미료가 많이 들어가므로 건더기만 건져 먹는다. 한식이니까, 밥과 같이 먹으니까 괜찮다는 생각으로 국물을 계속 떠먹다 보면 하루에 필요한 염분의 두세 배를 더 섭취하게 된다. 염분을 줄이기 위해 뜨거운 물을 부탁해 국물을 희석해서 먹는 것도 좋은 방법이다.

중국집에서는 짬뽕을

중국집에서는 메뉴 고르기가 쉽지 않다. 거의 모든 메뉴에 기름이 듬뿍 들어가 있기 때문이다. 특히 짜장면은 보통 기름이 춘장과 1:1 비율로 들어가고, MSG도 많이 들어가 자극적인 맛에 익숙해지기 쉽다. 짜장면과 짬뽕 중에서 고른다면 해산물이 풍부한 짬뽕을 골라 건더기 위주로 먹고 국물은 남긴다. 밥 종류는 볶음밥을 주문해 짜장 소스를 뿌리지 않고 밥만 먹는다. 기름에 볶은 밥이라 별 도움이 안 되겠지만 그나마 염분을 줄일 수는 있다.

뷔페는 채소와 고기 위주로

맛있는 음식들이 늘어선 뷔페 식당에서는 음식을 조절하기가 쉽지 않다. 하지만 잘 골라 먹으면 뷔페라고 해도 크게 걱정할 필요는 없다. 파스타, 피자, 밥, 떡 등 탄수화물 음식은 피한다. 샐러드는 채소만 담을 것이 아니라 해산물, 콩 등을 함께 담는다. 물론 드레싱은 뿌리지 않는다. 고기를 먹을 때는 다진 고기보다 덩어리 고기를, 양념이 된 것보다 안 된 것을 고른다. 수프나 국을 먼저 먹고, 채소나 회 등의 차가운 메뉴, 고기 등의 따뜻한 메뉴 순으로 먹으면 속이 편하다.

고칼로리 음식을 먹을 때는…

피자는 토핑만

앉은 자리에서 한 판이라도 먹을 수 있을 것 같은 맛있는 피자. 하지만 라지 사이즈 피자 한 조각의 칼로리는 400kcal가 넘는다. 피자를 먹을 때는 빵은 먹지 말고 토핑만 걷어 먹는다. 설탕이 많이 들어가는 피클도 먹지 말고, 배가 부르기 전에 손을 뗀다.

치킨은 껍질을 벗기고

맥주와 함께 먹는 치킨의 맛은 각별하지만, 치킨이 먹고 싶은 날에는 아쉽게도 맥주를 포기하는 게 좋다. 치킨은 튀김옷과 껍질을 떼고 먹는다. 바삭바삭한 튀김옷을 도무지 포기할 수 없다면 한두 조각만 천천히 맛있게 먹는다.

햄버거는 패티와 채소만

수제 햄버거는 단백질, 탄수화물, 식이섬유, 지방이 고루 들어 있는 좋은 음식이다. 하지만 주로 먹게 되는 패스트푸드 햄버거는 트랜스지방이 많고 방부제나 식품첨가물이 들어 있어 몸에 좋지 않다. 그래도 먹고 싶다면 콜라나 감자튀김을 빼고 햄버거 하나만 주문한다. 빵을 벗기고 마요네즈, 케첩, 피클 등을 제거한 뒤 고기와 상추만 먹는 것도 한 방법이다.

고기는 오로지 고기만

삼겹살 등 고기는 지방을 떼고 채소 세 장에 고기 한 조각을 싸 먹는다. 쌈장이나 소금 등의 양념은 되도록 찍지 않는다. 고기 자체에 맛이 있기 때문에 쌈장을 넣지 않아도 싱겁지 않다. 함께 나오는 밥이나 냉면은 먹는 대로 살로 간다고 여기고 통과. 한 입 두 입 맛보기 쉬운 얼큰한 된장찌개나 김치찌개도 무시한다.

초밥은 밥을 덜어 내고

초밥은 살이 안 찔 것 같아 보이지만 하나 둘 집어 먹다 보면 밥을 꽤 많이 먹게 된다. 실례가 안 되는 자리일 경우, 밥을 반 정도 덜어 내고 먹는다. 간장을 찍지 않고 그대로 먹는 것도 좋은 방법이다. 곁들이로 나오는 생강초절임을 같이 먹으면 날 생선에 있을지 모르는 균을 해독하고 신진대사를 촉진하는 효과가 있다.

짜장면이나 탕수육은 잘게 잘라서

중국음식은 대부분 기름이 많고 양념이 강해서 다이어트에는 도움이 되지 않는다. 먹는 횟수를 줄인다. 먹을 때는 아주 잘게 잘라 젓가락으로 천천히 먹는다. 이렇게 하면 먹는 속도도 늦어지고 양도 많이 줄일 수 있다. 숟가락으로 먹지 않도록 주의한다.

성공을 향해 매일매일 한 걸음씩

꼭 쓰자! 식사일기

식사일기는 자신의 잘못된 식습관을 파악할 수 있는 가장 좋은 방법이다.
식사일기를 효과적으로 쓰는 몇 가지 요령을 소개한다.
다이어트에 성공하고 싶다면 매일매일 빠뜨리지 말고 쓰자.

식사일기는 왜 쓰는 걸까?

식사일기를 쓰다 보면 자신의 식습관에 대해 지금까지 알지 못했던 사실들을 알게 된다. 대부분은 배는 고프지 않지만 때가 되어서, 왠지 입이 궁금해서, 누군가 같이 먹자고 해서 등 주위 상황에 이끌려 아무런 생각 없이 먹어 왔다는 사실에 놀랄 것이다. 나름대로 칼로리에 신경 쓰고 주의해 왔다고 생각했는데, 실제로는 스트레스만 받고 행동은 그렇지 않았다는 사실도 발견할 수 있다.

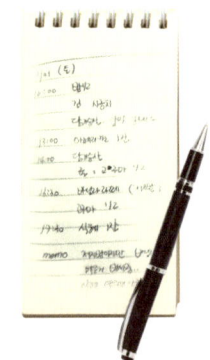

잘못된 식습관을 고치는 데는 꽤 많은 노력이 필요한데, 가장 좋은 방법이 식사일기를 쓰는 것이다. 자신의 행동을 그때그때 솔직하고 꼼꼼하게 써 나가다 보면 어떤 점을 고쳐야 하는지 파악할 수 있다. 다이어트에 성공한 사람들의 이야기를 보면 모두가 '많이 먹는 환경'에서 벗어나려고 노력했다는 것을 알 수 있다. 그런 면에서 식사일기는 자신의 식단을 통제하는 첫걸음이 된다.

식사량을 줄이는 비법

음식을 작은 그릇에 담는다

밥, 국, 반찬을 작은 그릇에 담으면 자신이 얼마나 먹었는지 알기 쉽다. 눈으로 식사량을 확인하고 나면 먹는 양이 자연스럽게 줄어든다.

젓가락으로 먹는다

모든 음식을 젓가락으로만 먹는다. 염분이 많은 국이나 찌개도 국물보다 건더기를 많이 먹게 되고, 한 번에 입에 넣는 양이 줄어든다. 자연스럽게 먹는 속도가 느려지는 효과도 있다.

왼손으로 먹는다

평소에 안 쓰는 손으로 식사를 해 본다. 음식을 제대로 집기 힘들어 먹는 속도가 저절로 느려질 것이다.

• 몇 시에 먹었고 식사하는 데 시간이 얼마나 걸렸는지 적는다. 규칙적으로 식사하고 천천히 먹는 습관을 들이는 데 도움이 된다.

• 집, 학교, 회사 근처 식당, 퇴근길의 제과점 등 어디에서 먹었는지 적는다. 지나가면서 사 먹는 일이 자주 있다면 다음부터 다른 길로 돌아간다.

• 먹은 음식이 아침, 점심, 저녁의 세끼에 포함되는 것인지 간식인지 구분해서 적는다. 자신에게 맞는 식단을 짤 수 있다.

• 음식의 종류와 양을 꼭 적는다. 고칼로리 음식이라도 너무 참으면 나중에 폭식으로 돌아올 수 있으므로 먹고 싶을 때는 양을 조절해 먹는 것이 좋다. 먹은 양을 적어 두면 다음에 더 적당한 양을 찾을 수 있다. 저칼로리 음식도 먹은 양을 꼭 적는다.

• 혼자 먹었는지, 다른 사람과 함께 먹었는지 적으면 언제 과식을 하는지 알 수 있다. 혼자 먹을 때 TV나 컴퓨터를 보며 과식을 하게 된다면 이런 습관을 고친다. 직접 요리를 해 보는 것도 다이어트에 도움이 된다. 친구들과 함께 먹을 때 무의식적으로 많이 먹게 된다면 음식을 주문할 때 1인분씩 나오는 메뉴를 고른다.

• 음식을 먹기 전의 기분이 어땠는지 적는다. 우울했다, 평온했다, 화가 났다, 스트레스를 받았다 등 기분을 적어 두면 스트레스를 받아서 과식을 했는지, 기쁜 일이 있어서 들뜬 마음에 맛있는 것을 먹었는지 알 수 있다.

• 음식을 먹기 전에 배가 얼마나 고팠는지 적는다. 배가 너무 고파 숟가락을 멈출 수 없었다든지, 그 전에 간식을 먹어서 어차피 망했다는 생각에 폭식을 했다든지 배고픈 정도와 과식한 이유 등을 기록하면 자신의 식습관이 한눈에 보인다.

• 음식을 먹고 난 뒤의 기분이 어땠는지 적는다. 다이어트 중이라면 맛있는 음식을 먹은 것에 대해 오히려 죄책감이 들 수 있다. 지나친 죄책감을 덜어내고 얼마나 먹었을 때 제일 편안한지 그 양을 찾아낸다.

• 하루를 마무리하고 난 뒤의 느낌은 어땠는지 적는다. 다이어트도 더 행복해지기 위해 하는 것이다. 하루하루 행복한 기분으로 마무리하도록 노력한다.

• 먹자마자 당장 적는 것이 제일 바람직하지만 쉽지 않다. 저녁 운동을 마치고 하루를 돌아보며 적는다. 반성도 되고 내일의 계획도 짤 수 있어 좋다.

무료로 즐기는 내 손안의 도우미

다이어트를 돕는 어플리케이션

요즘은 스마트폰의 어플리케이션을 통해 다양한 정보를 얻는다.
다이어트 역시 이를 이용하면 운동과 식이요법을 더 간편하게 할 수 있다.
지금 인기를 모으고 있는 다이어트 어플을 소개한다.

RunKeeper

야외 운동을 도와주는 어플. GPS로 이동 거리가 표시되고 소비 칼로리와 속도를 실시간으로 보여 준다. 걷기 외에도 달리기, 사이클링, 하이킹 등 다양한 운동에 이용할 수 있다. 속도, 거리마다 알람을 정할 수 있고, 걸은 거리와 운동 횟수, 운동 시간, 구간별 속도도 볼 수 있다. 무료 & 유료 / IOS & 안드로이드

눔다이어트

식사량과 운동량, 칼로리 등을 기록하고 확인할 수 있다. 또 현재 체중과 목표 체중을 기록하면 날짜에 따라 체중이 어떻게 변했는지 그래프로 보여 준다. 야외에서 걷기 운동을 할 경우 걸은 총거리와 소비 칼로리도 알려 준다. 무료 / 안드로이드

30분 순환운동

유산소 운동과 무산소 운동을 반복하는 운동 어플. 15분 1세트로 구성되어 있으며, 각 세트를 끝내고 심박 수를 재서 그에 따라 운동 빈도수를 조절할 수 있다. 순환운동 1세트와 준비 운동, 마무리 운동 동영상이 제공된다. 무료 / IOS & 안드로이드

다이어트 일기

음식의 칼로리와 운동의 소비 칼로리가 정리되어 있어 식사일기 대용으로 유용하다. 목표 몸무게와 기간을 설정할 수 있어 일기를 적을 때마다 다이어트 의지를 북돋워 준다. 국내에서 만든 어플인 만큼 한국인이 자주 먹는 음식이 많고, 제조회사별 음식 칼로리도 확인할 수 있다. 무료 & 유료 / IOS

헬c노트

자신의 체형을 파악하고 자신에게 알맞은 식단과 운동을 추천해 주는 어플. 키와 체중의 변화는 물론 가슴둘레, 허리둘레, 팔뚝둘레, 종아리둘레, 허벅지둘레, 엉덩이둘레를 기록해 변화를 빠르게 체크할 수 있다. 무료 & 유료 / IOS

한강둔치부터 제주도 올레까지

전국 걷기 좋은 곳

걷기는 주변 환경을 즐기면서 운동할 수 있는 것이 장점이다.
서울에서부터 제주도까지 전국의 '걷기 좋은 길'을 찾았다.
운동은 물론 여행 코스로도 안성맞춤이어서 혼자 또는 가족, 친구, 연인과 함께
가기 좋다. 아름다운 길을 따라 걷다 보면 건강도 챙기고 기분전환도 된다.

야경이 아름다운 비밀 공간 달맞이공원

도심의 작은 공원이지만 가깝고 전망이 아름다워 블로거, 사진가들 사이에서는 이미 유명하다. 조금 가파른 계단을 올라 달맞이공원 경관조망 장소에 도착하면, 서울숲과 6개의 한강 다리가 한눈에 내려다보인다. 특히 서울 야경이 근사하다.

응봉산 정상길에서 푸르지오 아파트 방향으로 나무 계단을 내려가 길을 건너면 봉상근린공원으로 들어갈 수 있다. 암벽등산가들에게는 유명한 인공 암벽 공원을 구경하는 것도 좋다. 그 길로 청계천 쪽으로 꺾어 조선시대 가장 긴 다리였던 살곶이다리를 건너면 하동매실거리가 나타난다. 4월 초~말에 희귀한 홍매화와 청매화를 구경할 수 있어 인기가 높은 곳이다.

코　　스 | 옥수역 – 달맞이공원 – 응봉산 – 살곶이다리 – 하동매실거리(총 6km / 2시간 소요)
난이도 | ★★★ 공원 초입길이 경사가 심해 처음에는 조금 힘들다.
가는 길 | 지하철 : 3호선 옥수역 3번 출구에서 우회전해 300m 직진.
　　　　　　버스 : 0213번, 2411번을 타고 삼성 래미안 아파트 앞에서 하차. 또는 08번, 110B번, 241A번을 타고 응봉동 현대 아파트 앞에서 하차.

흙을 밟을 수 있는 숨겨진 명소 하늘공원 메타세쿼이아길

하늘공원에 가면 대부분 구름다리를 건너 지그재그 계단으로 공원에 오르는 코스를 이용한다. 하지만 계단 옆으로 조금 빠지면 약 900m에 이르는 메타세쿼이아길과 만날 수 있다. 계단 옆 왼쪽 길로 들어선 후 차량진입금지 표시가 나올 때까지 걷다가 조그마한 돌계단을 내려가면 쭉 뻗은 메타세쿼이아가 늘어서 있다. 산책 전용 길이라 걸어서만 이용할 수 있으니 자전거는 갖고 오지 않는 것이 좋다.

남이섬의 메타세쿼이아 길 등 유명한 곳에 비해 알려지지 않아 사람이 적고, 도심에서 정겨운 흙바닥을 밟을 수 있는 것이 매력이다.

코　　스 | 하늘공원 주차장 – 난지천공원 매점 – 지역난방공사 – 메타세쿼이아길 – 하늘공원 – 하늘공원 둘레길 – 평화의 공원 삼거리(총 6km / 2시간 소요)
난이도 | ★ 발이 편한 흙길과 쭉 뻗은 길이 걷기 편하다.
가는 길 | 지하철 : 6호선 월드컵경기장역 1번 출구.
　　　　　　승용차 : 강변북로에서 월드컵 경기장 쪽으로 진입. 또는 내부순환로 성산교차로에서 월드컵경기장 쪽으로 우회전해 직진.

억새풀과 물고기를 구경하는 재미 **성내천길**

성내천을 따라가면서 올림픽공원과 생태경관보전지역을 둘러볼 수 있는 코스. 서울 생태문화길 30선에 지정되었을 정도로 보전이 잘 되어 있다. 강변을 따라 난 억새풀과 맑은 물속을 헤엄치는 물고기 등을 구경하는 재미가 있다. 산책로인 만큼 코스에 변화가 적어 빠른 속도로 걷기 운동을 하기에도 알맞다.

정해진 코스 외에 조금 더 걷고 싶다면 성내 제 1교까지 올라갔다가 오금공원으로 돌아온다. 자전거 도로는 물론 분수대, 징검다리 등도 이용할 수 있어 가족과 함께 가기도 좋다.

코 스 | 잠실나루역 – 성내천 하류 – 올림픽공원 – 감이천 – 방이동 습지 – 성내천 상류 – 오금공원 – 오금역(총 8.4km / 2시간 30분 소요)
난이도 | ★★ 길에 변화가 적어 걷기 좋다.
가는 길 | 지하철 : 2호선 잠실나루역 1번 출구.

서울 시민들의 산책로 **남산순환 산책 2길**

남산북측순환산책로 3.3km 구간은 자전거도 지나갈 수 없는 걷기 전용 도로다. 도로의 절반이 우레탄으로 깔려 있어 걷기 편하다. 길 양편으로 단풍나무, 벚나무 등 나무가 많아 봄은 불론 사계절 언제와도 아름다운 풍경을 감상하며 걸을 수 있다. 무더운 여름에는 무성한 수풀 덕분에 그늘이 드리워져 시원하다. 저녁에도 가로등 불빛 사이로 걷는 사람들로 북적여 혼자 운동하기에도 안전하다.

코 스 | 충무로역 – 북측 순환로 – 소나무림탐방로 – 야외식물원 – 하얏트호텔 – 이태원길 – 녹사평역
(총 5.9km / 2시간 소요)
난이도 | ★★ 길이는 그리 길지 않지만 가는 길이 오르막길이라 조금 힘들다.
가는 길 | 지하철 : 3 · 4호선 충무로역 4번 출구.
승용차 : 장충동에서 남산 2호 터널 쪽으로 가다가 국립극장 쪽으로 진입.

천천히 걷기 좋은 이색 코스 항동 기찻길

국내 최초의 비료 회사인 경기화학공업주식회사가 1954년 원료와 생산물의 운송을 위해 설치한 기찻길로 지금은 운행이 중지되었다. 철길을 걷다 보면 오며 가며 기찻길을 이용하는 사람들과 마주치게 된다. 특히 낮은 주택들 사이로 굽이굽이 뻗은 기찻길 위를 걷다 보면 마치 다른 세계에 온 듯한 느낌을 받는다.

천왕역에서 왼쪽으로 틀어 역곡역 방향으로 가다 보면 양옆에 넓게 펼쳐진 논이 드러나는데, 이곳에서는 수목원 개발이 진행 중이다. 곧 레일바이크가 생긴다고 하니 그 전에 한 번 다녀오는 것도 좋겠다.

코　스 | 천왕역 – 역곡역 방향 왼쪽 철길 – 저수지 다리 – 항동교회 – 신호등
(총 5km / 1시간 30분 소요)
난이도 | ★★★ 기찻길이라서 발 디디기가 힘들고 부상 위험이 있다. 빨리 걷기보다 천천히 오래 걷기에 알맞다.
가는 길 | 지하철 : 7호선 천왕역 2번 출구에서 신호등 건너 직진.

젊음과 자유가 느껴지는 캠퍼스 신촌 대학 탐방길

신촌에 있는 대학 캠퍼스들은 시민공원을 방불케 할 만큼 조성이 잘 되어 있어 학생들은 물론 지역 주민들도 즐겨 찾는다. 특히 봄과 여름에는 데이트 코스로도 인기다.

서강대, 이화여대, 연세대의 캠퍼스 산책로를 연결하면 걷기 코스로 활용할 수 있다. 서강대에는 서강대 뒷산이라고 불리는 노고산이 있는데, '김의기 열사 추모비' 좌우의 계단이나 휠체어 길로 오를 수 있다. 낮은 산이니 한번 올라갔다 와 보는 것도 좋다. 이화여대에서는 아름다운 캠퍼스뿐 아니라 활기찬 학교 앞 거리도 좋은 걷기 운동 장소가 된다. 볼거리가 많아 지루하지 않다. 연세대학교는 캠퍼스 안이 넓고 뒤쪽의 안산은 등산 코스로도 좋다.

코　스 | 광흥창역 – 서강대 캠퍼스 – 이화여대 캠퍼스 – 연세대 캠퍼스 – 신촌역
(총 7.2km / 2시간 30분 소요)
난이도 | ★★ 캠퍼스 안에 드문드문 언덕이 있어 평지를 걸을 때보다는 힘들다.
가는 길 | 지하철 : 6호선 광흥창역 4번 출구.

걷기 코스의 정석 한강둔치 잠원지구

한강시민공원 잠원지구는 반포대교와 한남대교 남단 중간부터 동호대교까지 이르는 구간을 말한다. 넓은 부지에 축구장, 배구장, 농구장, 테니스장, 체력단련장, 육상경기연습장 등이 있어 단체로 오기에도 좋다. 여름에는 야외 수영장과 보트장, 윈드서핑장에서 여름 레저를 즐길 수도 있다. 특히 넓은 잔디밭은 애완동물과 함께 찾는 사람들이 많고, 가족이나 연인과의 나들이 장소로도 인기가 높다. 한강둔치 코스는 평소에도 운동하는 사람들이 많고 길에 우레탄이 깔려 있는 등 배려가 잘 되어 있어, 걷기 운동을 하기에는 최적의 장소다.

코　스 | 잠원지구 – 동호대교 – 영동대교 – 잠실 선착장(총 8km / 3시간 소요)
난이도 | ★★ 우레탄이 깔려 있어 발이 편하다.
가는 길 | 지하철 : 3호선 신사역 5번 출구. 또는 3호선 압구정역 1번 출구.
　　　　　 버스 : 361번, 362번을 타고 설악 아파트 앞에서 하차.

공원과 다리 위를 오가는 강변길 한강 주요 다리 주변

서울숲은 가기 쉽고 꽃사슴장, 예술품 전시 등의 볼거리가 많아 사람들이 즐겨 찾는 곳이다. 공원 안에서 걷는 것도 좋지만 공원을 벗어나 주요 다리를 중심으로 걸어 보기를 추천한다. 서울숲에서 한강 쪽으로 연결된 구름다리를 건너면 탁 트인 한강변과 만나게 된다. 거기에서 한강 상류 쪽으로 쭉 뻗어 있는 산책로를 따라 걷다 보면 청담대교 아래 뚝섬 한강공원에 도착한다. 이곳에서 잠시 쉬어 가도 좋다. 공원 안에 설치된 벽천분수는 더운 여름, 운동에 지친 몸을 쉬기에 좋은 휴식 장소다.
잠실대교와 천호대교를 지나 광진교에 도착하면 다리 위로 올라가 본다. 차도 양쪽으로 널찍한 인도가 있어 전망을 볼 수 있다. 밤에 야경을 즐기며 걷기에 안성맞춤이다.

코　스 | 서울숲 – 성수대교 – 청담대교 – 뚝섬지구 – 잠실대교 – 천호대교 – 광진교
　　　　　 (총 8.14km / 3시간 소요)
난이도 | ★★★ 중간에 화장실이나 상점 등 편의시설이 없으므로 준비를 철저히 한다.
가는 길 | 지하철 : 2호선 뚝섬역 8번 출구.

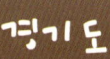
영화 속 장면 같은 아름다운 목장길 원당종마목장

대관령 목장에 비하면 아담한 규모지만, 하얀 말뚝과 넓은 초원, 뛰어노는 말들, 나무들이 우거진 푸르른 길 등 목장 분위기가 물씬 나는 곳이다. TV나 영화에도 자주 등장하는 곳으로 풍경이 뛰어나며, 봄에는 벚꽃이 아름답기로 유명하다.

서삼릉으로 들어가는 긴 가로수길은 늘씬한 은사시나무가 운치를 더한다. 연인이나 가족 관람객으로 주말에는 붐빌 수 있으니 시간이 된다면 평일에 가는 것이 좋다.

코 스 | 삼송역 – 서삼릉 – 원당종마목장 – 농협대학 앞(총 8km / 2시간 소요)

난이도 | ★★ 주로 평지지만 중간 중간 언덕이 있어 조금 힘들 수 있다.

가는 길 | 지하철·버스 : 3호선 삼송역 5번 출구에서 마을버스 041번을 타고 원당종마목장 입구에서 하차.
승용차 : 삼송역에서 원당역 쪽으로 가다가 농협대학, 서삼릉 표지판을 보고 우회전.

여름에도 시원한 성곽길 남한산성

광주시, 하남시, 성남시에 걸쳐 있는 남한산성은 산에 위치한 만큼 기온이 낮아 여름에도 비교적 쾌적하게 걸을 수 있다. 코스는 총 5가지로 아름다운 풍경을 자랑한다. 성곽길을 가운데 끼고 한쪽으로는 산 아래쪽 풍경을, 다른 한쪽으로는 숲을 감상할 수 있는 것도 매력이다. 남장대터(군사적 목적으로 지은 누각), 여장(몸을 숨겨 총이나 활을 쏠 수 있도록 성 위에 낮게 쌓은 담)과 같은 시설들을 구경하며 역사의 주인공이 된 기분을 느껴 보는 것도 색다른 즐거움이다.

코 스 | 산성종로 – 북문 – 서문 – 수어장대 – 영춘정 – 남문 – 산성종로
(총 3.8km / 1시간 20분 소요)

난이도 | ★★★ 성곽길이라 오르막길이 이어지고 길도 굴곡이 심하다.

가는 길 | 지하철·버스 : 분당선 야탑역 4번 출구에서 9번 버스를 타고 남한산성 로터리 하차.
버스 : 13번, 13-2번을 타고 광지원 남한산성 입구에서 내려 15-1번으로 환승, 남한산성 로터리에서 하차.
승용차 : 헌릉 IC에서 세곡동사거리 쪽으로 나가 헌릉로로 가다가 산성역사거리에서 산성 터널 지나 남한산성로로 진입.

생태계가 보전된 산책로 우이령길

우이령길은 북쪽 도봉산과 남쪽 북한산의 경계를 말한다. 1969년 이후로 민간인의 출입이 전면 금지되었다가 2009년 7월 이후 탐방 예약제로 개방되었다. 41년 동안 사람의 손길이 닿지 않은 만큼 자연생태계가 잘 보전되어 있는 것이 특징이다. 오르막길이 없고 완만하게 쭉 뻗은 산책로로 걷기 편하다.

방문 전에 반드시 인터넷으로 예약을 하고 신분증을 지참해야 들어갈 수 있다. 우이령길 외에도 북한산 둘레길에는 총 21가지 코스가 있는데, 한 코스당 40분에서 3시간 정도 걸린다.

코　스 | 우이령길 입구 – 우이탐방지원센터 – 대전차 장애물 – 유격장, 서수지 – 교현탐방지원센터 – 교현 우이령길 입구(총 6km / 3시간 30분 소요)

난이도 | ★★ 경사 없이 완만한 흙길이 이어져 평지를 걷듯이 길을 수 있나.

가는 길 | 지하철 · 버스 : 4호선 수유역 3번 출구에서 120번, 153번 버스를 타고 종점 하차. 주차장이 없으므로 대중교통을 이용하는 것이 좋다.

염전이 펼쳐진 아름다운 풍경 시흥 늠내길 2코스

신수도권에서 산과 들, 바다를 한꺼번에 만끽할 수 있는 둘레길로, 인공적인 요소를 최대한 줄이고 자연을 그대로 느낄 수 있는 길이다.

2코스 갯골길은 전 구간이 평지로 이루어져 경사가 있는 1코스나 3코스보다 걷기에 편하다. 특히 드넓게 펼쳐진 옛 염전이나 구불구불한 갯고랑길은 자전거와 걷기로만 갈 수 있는 길로 자연 보전이 잘 되어 있다.

코　스 | 갯골생태공원 주차장 – 염전 – 아카시아길 – 방산대교 – 갈대밭 – 흥부갑문 (총 8km / 2시간 30분 소요)

난이도 | ★ 전 구간이 평지길이어서 걷기 좋다.

가는 길 | 지하철 · 버스 : 1호선 소사역 앞에서 63번, 63-1번 버스를 타고 시흥시청 하차. 또는 4호선 안산역 맞은편에서 30-7번, 61번 버스를 타고 시흥시청 하차. 승용차 : 제3경인고속도로 연성 IC에서 시흥시청 방향으로 2km, 시흥시청에 주차.

볼거리, 즐길 거리가 가득 산정호수 산책로

산정호수는 산중에 묻혀 있는 우물 같은 호수라는 뜻으로 명성산과 관음산을 병풍처럼 두르고 있어 경관이 뛰어나다. 주변 조각공원에서 조각 작품을 구경할 수도 있고, 작지만 유원지도 있다. 호수에서 오리배를 탈 수 있어 가족이나 연인 관람객이 많은 편이다.

특히 호수 주변을 도는 산책로가 잘 정비되어 있어 호수를 끼고 걸을 수 있으며, 호수 가운데를 가로지르는 다리를 건너 보는 것도 색다른 재미가 있다. 호수 뒤편의 주차장으로 들어가 5군단 휴양소를 지나 외길로 10분간 가다 보면 비포장도로가 나오는데, 이곳에서는 4륜 산악차량(ATV)을 탈 수 있다.

코 스 | 산정호수 입구 – 호수 끝 데크 길 – 산정호수 입구 – 평강식물원(총 3km / 1시간 소요)
난이도 | ★ 호수를 끼고 한 바퀴 도는 걷기 편한 코스이다.
가는 길 | 지하철·버스 : 의정부역 앞에서 138-6번 버스를 타고 산정호수 하차.
　　　　　　버스 : 서울 상봉터미널, 수유리터미널, 동서울터미널에서 운천행 버스를 타고 가 운천에서 산정호수행 버스를 탄다.
　　　　　　승용차 : 서울 잠실에서 일동 외곽도로로 가다가 산정호수 쪽으로 진입.

여름이면 아름다운 연꽃이 장관 세미원길

양평에서 가 볼 만한 곳으로 꼽히는 세미원은 연꽃이 한창일 때 찾으면 더 아름답다. 세미원 안에 있는 석창원에서는 사륜정(네 바퀴를 단 이동식 정자)과 조선 정조 때 창덕궁 안에 있던 온실(세계 최초의 과학영농 온실) 등을 무료로 구경할 수 있다. 지나가면 장수한다는 태극 모양의 문, 한반도 모양을 본떠서 만든 연못 반도지 등도 볼 만하다. 연꽃잎과 창포꽃이 아름답게 떠 있는 검은 잉어 연못 위에 난 길을 걸어가 보는 것도 풍류가 있다.

걷기를 끝내고 세미원 안에 있는 카페에서 맛 볼 수 있는 연꽃 아이스크림도 별미다.

코 스 | 양수역 – 세미원 정문 – 두물머리 산책로 주차장 – 석창원 – 두물머리 느티나무
　　　　　(총 2.19km / 2시간 소요)
난이도 | ★ 아름다운 풍경을 즐기면서 느긋하게 걷기 좋다.
가는 길 | 지하철 : 중앙선 양수역에서 문화체육공원 방향.
　　　　　　버스 : 167번을 타고 양수리에서 하차. 또는 2000-1번을 타고 양서문화체육공원에서 하차.
　　　　　　승용차 : 6번 국도를 타고 양평 쪽으로 가다가 신양수 대교를 건너 오른쪽으로 진입, 양수리 쪽으로 500m, 양서문화체육공원에 주차.

이국적인 풍경과 함께 과거로 떠나는 시간여행 인천 둘레길 13코스

차이나타운에서 시작해 자유공원 주위를 걷는 코스다. 인천 역에서 내려 자유공원 쪽을 바라보면 바로 중국풍 패루(문) 와 거리를 발견할 수 있다.

차이나타운에서는 무엇보다 중국음식과 붉은색 건물, 잡화 등을 보는 재미가 있다. 삼국지 벽화 거리와 중국식 점포 건 축물을 구경하며 걷다 보면 시간이 금방 간다. 야조사에서 중구청 쪽으로 꺾어 들어가면 근대 인천시 지정 문화재로 등 록된 일본 근대 건물들도 볼 수 있다.

코 스 │ 차이나타운 거리   석정루 – 신책로 – 광상 – 야조사 – 공원 관리소 – 차이나타운
(총 2.5km / 40분 소요)
난이도 │ ★★ 도심이라서 구경할 거리도 많고 길이 평탄해 무리 없이 걸을 수 있다.
가는 길 │ 지하철 : 1호선(국철) 인천역 광장 건너편.
승용차 : 경인고속도로, 제2경인고속도로 끝에서 월미도 쪽으로 나가 월미도 입구에서 차 이나타운, 인천역 방향.

테마가 있는 휴식 공간 서울대공원 삼림욕장 가 구간

동물원을 둘러싸고 있는 청계산 길을 삼림욕장으로 만들었 다. 길 중간 중간 생각하는 숲, 밤나무 숲 등 11가지 테마로 휴식 공간을 조성해 재미를 너한 것이 장점이다. 이정표가 잘 되어 있고 산세가 험하지 않아 주로 평지에서 걸었던 사 람들의 첫 트래킹 코스로 좋다. 동물원 입장료를 내고 들어 가며, 중간 중간 동물원으로 빠질 수 있는 샛길이 나 있다. 서울대공원 삼림욕장의 총 길이는 8km이며, 총 네 구간으 로 나뉘어져 있다. 각 코스를 걷는 데 40분에서 1시간 정도가 걸리며, 모든 코스를 돌려면 3시 간 정도가 걸린다.

코 스 │ 대공원역 – 서울대공원 삼림욕장 – 아까시나무숲 – 얼음골숲 – 남미관 샛길
(총 2.2km / 1시간 소요)
난이도 │ ★ 길지 않고 중간 중간 쉬는 곳이 있어 가볍게 산책하기 좋다.
가는 길 │ 지하철 : 4호선 대공원역 2번 출구.
승용차 : 양재 IC에서 과천봉당고속도로를 타고 경마장 지나 대공원 방향.

시간이 멈춘 듯한 조선시대의 원시림 **삼척 준경묘의 금강송림길**

활기리마을에서 준경묘로 가는 2km의 금강송림길은 우리나라에서 가장 아름다운 숲으로 꼽힌다. 준경묘는 '이 자리에 묘를 쓰게 되면 5대 후손이 왕이 될 것이다'라 하여 조선의 시조 이성계의 5대조인 이양무의 묘가 들어섰다는 설화가 내려오는 곳이다. 묘 뒤로 울창한 소나무숲을 끌어안은 경치가 아름다운데, 조선시대에 왕실 소유의 숲으로 철저히 관리되어 사람의 손길이 닿지 않은 원시림이다. 쉽지 않은 숲길이지만 자연경관을 감상하며 걷다 보면 일상의 피로까지 사라진다.

코　스 | 활기리 마을회관 – 시멘트 농로길 차단기– 고갯길 – 미인송 – 준경묘
（총1.8km / 30분 소요）

난이도 | ★★★ 거리는 짧지만 고갯길이라 가벼운 등산 정도의 난이도가 있다.

가는 길 | 버스 : 서울 동서울터미널에서 삼척행 버스를 탄다. 삼척에서 31-1번 버스를 타고 준경묘 입구에서 내려 환선굴 또는 도계행 버스로 환승, 활기리 입구 하차.
승용차 : 삼척에서 대이리군립공원 길목의 활기리 팻말을 따라 진입. 또는 도계에서 38번 국도를 타고 신기, 활기리를 지나 준경묘 방향.

춘천 3대 폭포와의 만남 **강촌 봄내길 물깨말구구리길**

물깨말이란 물가마을 강촌을 이르는 옛날 말이다. 코스에 접어들면 한 길로 난 길과 만나게 된다. 산길이자 찻길이라 폭은 넓은 편이다. 아홉 굽이 돌아가는 구곡폭포는 일명 구구리폭포로 통하는데, 겨울엔 빙벽타기 장소로 유명하다. 등선폭포, 구성폭포와 함께 춘천 3대 폭포로 꼽히기도 한다.
경치는 아름답지만 눈이 내렸을 때 물깨마을 코스를 찾는다면 문배마을과 구곡폭포를 잇는 깔딱고개를 조심해야 한다. 경사가 심해 무척 위험하므로 아이젠을 갖고 오르는 것이 안전하다. 구곡폭포는 관광지로 지정되었기 때문에 입장료가 있다(성인 1,600원 / 춘천 시민 50% 할인).

코　스 | 강촌 – 구곡폭포 주차장 – 봉화산길 – 문배마을 – 구곡폭포 – 주차장
（총 13.7km / 3시간 30분 소요）

난이도 | ★★★ 대체로 평탄한 코스지만 겨울에는 경사진 딸깍고개를 조심한다.

가는 길 | 기차 · 버스 : 경춘선 강촌역 앞에서 50번, 51번 버스를 타고 봄내길 2코스 구곡폭포에서 하차.
승용차 : 양평대교를 건너 46번 국도로 가다가 대성리역과 신청평대교, 양구 이정표를 지나 직진.

남녀노소 부담 없는 등산로 대관령 옛길

2001년에 대관령을 관통하는 7개의 터널이 뚫려 영동과 영서의 거리가 크게 줄어들었다. 그 후 대관령 옛길(바우길)은 등산객들이 찾는 길로 변했다.

코스의 시작인 대관령박물관은 영동고속도로변에 있는 고인돌 모양의 건물이라 금방 눈에 띈다. 박물관에서 옛길로 반쯤 올라가면 강릉시내가 내려다보이고, 대관령 정상에서 흘러내리는 맑은 시냇물과 만날 수 있다. 가을에는 야생 들국화 군락지도 볼 수 있다. 산세가 완만해 가벼운 등산 코스로 좋다.

코　스 | 대관령박물관 – 원울이재 – 하제민원 – 주막터　반정　심디　고시·성황당
(총 7.87km / 3시간 소요)
난이도 | ★★★ 산세가 완만해 가족이 함께 등산하기 좋다.
가는 길 | 버스 : 서울 강남고속버스터미널에서 강릉행 버스를 탄다. 강릉에서 503번 버스를 타고 대관령박물관에서 하차.
승용차 : 동해고속도로 금산 IC에서 우회전해 (구)영동고속도로로 가다가 대관령박물관으로 진입.

향기로운 전나무숲길 월정사 산책로

오대산 월정사 입구에 있는 전나무숲길은 우리나라에서 가장 걷고 싶은 길 중 하나로 꼽는다. 약 1천7백 그루의 전나무가 울창하게 자리 있어 시계절 내내 아름다운 풍경을 사랑한다. 나무들의 평균 나이는 83년이며, 가장 오래 된 나무는 370년 된 전나무이다. 보전이 잘 되어 있어 숲 주변에 멸종위기의 야생 동식물이 340종이나 살고 있다. 최근에 전나무숲길 1km 구간이 포장길에서 다시 흙길로 바뀌어 고즈넉한 분위기를 느낄 수 있다. 우리나라 대표 사찰 중 하나인 월정사를 함께 둘러보는 것도 좋겠다.

코　스 | 상원사 – 상원탐방지원센터 – 신선골 – 상원교 – 오대산장 – 선재농장 – 섶다리 – 보메기 – 회사거리 – 월정사 일주문(총 8km / 2시간 소요)
난이도 | ★★ 평지에 흙길이라 발이 편하다.
가는 길 | 버스 : 서울 동서울터미널에서 진부행 버스를 탄다. 진부에서 시외버스를 타고 월정사에서 하차.
승용차 : 영동고속도로 진부 IC에서 월정사 방향.

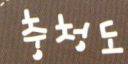
느릿느릿 걸어 보는 옛이야기길 대흥 느린 꼬부랑길 1코스

임존성 등산로로 이어지는 봉수산 중턱까지 다다르는 코스다. 정겨운 다랑논, 울창한 숲길과 함께 대흥의 옛이야기가 담긴 길을 곳곳에서 만날 수 있다. 상중리를 오가며 볏짚을 날랐던 '의좋은 형제' 이성만과 이순의 이야기가 담긴 이성만 형제 길이나 임존성의 백제 부흥군을 위해 보급품을 날랐던 임존성 수렛길도 좋지만, 무엇보다 예당저수지와 관록재가 내려다보이는 관록재길, 봉수산 소나무길, 벚꽃길이 아름답다. 과거 전통 장 중 하나인 의좋은 형제 장터에서는 유기농 제철 농산물도 싸게 살 수 있다.

코　스 | 방문자센터 – 관록재들 – 봉수산자연휴양림 – 대흥동헌(총 5.1km / 1시간 30분 소요)
난이도 | ★ 대부분이 평지이고 흙길이라 발이 편하다.
가는 길 | 기차 : KTX를 타고 천안아산역에 하차.
　　　　　버스 : 서울 남부터미널에서 시외버스를 타고 예산종합터미널에 하차.
　　　　　승용차 : 경부고속도로 천안 IC에서 21번 국도를 타고 예산 방향.

흐드러진 국화와 연꽃이 절경 대청호반길 6코스

웰빙, 걷기 열풍에 힘입어 대청호 주변에 새록새록 새로운 길들이 만들어지고 있다. 애호가들이 많아 관련 걷기 카페도 많다.
제 6코스는 6-1코스인 국화향 연인길, 6-2코스인 연꽃마을길 두 구간이다. 6-1코스에서 6-2코스로 가려면 '전망 좋은 곳'에서 돌아나와야 하므로 시간이 넉넉하지 않으면 둘 중 한 코스만 가기를 추천한다. 이 길은 가을이 되면 이름대로 국화와 연꽃이 흐드러지게 피어 경치가 무척 아름답기로 유명하다. 구간 대부분이 흙길로 되어 있어 경치를 감상하며 걷기 좋다.

코　스 | 6-1코스 : 추동대청호 관리사무소 주차장 – 자연생태관 – 대청호 – 데크 산책로 – 전망 좋은 곳(총 4.5km / 2시간 소요)
　　　　　6-2코스 : 주말농장 입구 – 호변 산책길 – 황새바위정자 – 연꽃마을 – 주산동 갈대 (총 3.3km / 1시간 30분 소요)
난이도 | ★ 흙길이라 걷기 편하다.
가는 길 | 버스 : 서울 강남고속버스터미널에서 대전행 버스를 탄다. 대전에서 60번, 61번, 71번 버스를 타고 대청댐에서 하차.
　　　　　승용차 : 경부고속도로 신탄진 나들목으로 나가 대청댐 방향.

다양한 봄꽃이 아름다운 산길 칠갑산 산장로

칠갑산은 해발 561m로 크고 작은 봉우리와 계곡을 지니고 있다. 정상, 아흔아홉 골, 칠갑산장, 장승공원, 자연휴양림 등이 볼거리로 꼽힌다.

그중 산장로는 가벼운 가족 산행이나 걷기 코스로 알맞은 곳이다. 걷기 좋은 산책로가 만들어져 있어 정상까지 1시간이면 갈 수 있다. 철쭉로라는 이름이 붙을 만큼 봄이면 만개한 진달래와 철쭉, 벚꽃과 만날 수 있다.

코   스 | 칠갑광장휴게소 – 칠갑산 천문대 – 자비정 – 목재 275계단 – 산 정상
(총 3km / 1시간 30분 소요)

난이도 | ★★★ 완만한 산길이지만 정상에 다가갈수록 경사가 심하다.

가는 길 | 버스 : 서울 남부터미널에서 청양행 버스를 탄다. 청양에서 시외버스를 타고 장곡사에서 하차.
승용차 : 공주서천고속도로 청양 나들목에서 학암삼거리 쪽으로 진입해 정산 서정리사거리에서 좌회전, 칠갑산휴게소 앞에서 천장리 쪽으로 좌회전해 천장호 주차장에 주차.

가장 오래된 고갯길 계립령 하늘재

옛길로도 불리는 계립령 하늘재는 우리나라에서 가장 오래된 고갯길로 기록되어 있고, 2008년 국가 지정 문화재로 선정되었다. 해발 525m로 3.2km 성노의 완만한 오솔길을 따라 울창한 숲이 이어져 가족과 함께 걷기 좋다. 고려 초기 유적으로 추정되는 미륵사지5층석탑, 석등, 석불입상 등 여러 유적을 구경할 수 있는 것도 매력이다.

하늘재를 오르면서 '김연아 나무'를 찾아보는 것도 재미를 준다. 120년 된 이 소나무는 서 있는 모습이 마치 피겨 스케이팅의 피날레 자세와 비슷해 이런 이름이 붙여졌다.

코   스 | 월악산 탐방센터 – 미륵리사지 – 하늘재(총 3.2km / 1시간 30분 소요)

난이도 | ★★ 하늘재라고 해서 높을 것 같지만 산책로 정도의 완만한 길이다.

가는 길 | 버스 : 서울 동서울터미널에서 수안보행 버스를 타고 미륵리에서 하차.
승용차 : 중부내륙고속도로 괴산 IC에서 수안보 쪽으로 나가 추점삼거리에서 597번 지방도로를 타고 수안보를 지나 미륵리사지 길 입구에서 우회전, 입구에 대형 무료 주차장이 있다.

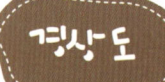
바다를 옆에 두고 걷는 전망 좋은 길 통영 수륙 – 일운 해안도로

수륙해안도로, 삼칭이해안로 등 다양한 이름이 붙여져 있는 바닷가길이다. 포장도로라서 흙길을 원하는 사람이라면 아쉬울 수 있지만, 대신 충격을 흡수하는 소재가 깔려 있어 발이 편하고 먼지가 일지 않는 장점이 있다. 바닥까지 훤히 들여다보이는 통영앞바다를 끼고 완만한 길을 걷다 보면 저절로 마음에 여유가 생긴다.

자전거 도로와 산책로로 나뉘어져 있고, 중간에 자전거 대여점이 있어 자전거를 빌려 탈 수도 있다. 바다를 가로질러 등대 쪽으로 이어지는 등대낚시공원에서는 입장료를 내고 다리 위에서 낚시를 할 수 있다.

코 스 | 충무마리나리조트 주차장 – 통영해수욕장 – 자전거 대여소 – 등대낚시공원 입구 – 삼칭이해안로 이정표(총 4km / 1시간 30분 소요)

난이도 | ★ 가볍게 산책하기 좋다.

가는 길 | 버스 : 서울 강남고속버스터미널에서 통영행 버스를 탄다. 통영시외버스터미널에서 버스를 타고 도남동에서 하차.
승용차 : 통영대전고속도로 통영 나들목으로 나가 통영시내로 진입, 통영여객선터미널 방향.

거제에서 가장 아름다운 길 거제도 여차 – 홍포 해안도로

여차마을에서 홍포마을까지 이르는 길로 거제도에서도 최남단에 있다. 남해를 끼고 달리는 해안도로로 우리나라의 아름다운 해안길 중 하나로 꼽힌다. 비포장도로에 도로 폭도 좁지만, 곳곳에서 만나는 기암절벽이 장관이다. 차를 세워 두고 해안길을 걷다 보면 8개의 무인도가 보이는 탁 트인 전망이 펼쳐진다. 길을 따라 내려오면 신선들이 놀던 돌산이라는 신선대가 있고, 커다란 풍차를 자랑하는 바람의 언덕은 산 전체에 잔디가 깔려 있고 바다를 볼 수 있어 드라마 촬영지가 되기도 했다. 몽돌해수욕장은 이름처럼 작고 동글동글한 돌들이 깔려 있어 귀엽고 이색적이다.

코 스 | 매물도여객선터미널 – 홍포 무지개 – 여차 – 다포삼거리 – 신선대 – 바람의 언덕 – 여차몽돌해수욕장(총 3.4km / 1시간 30분 소요)
장승포동 – 구조라해수욕장 – 학동몽돌해수욕장 – 해금강 입구 – 여차마을

난이도 | ★ 해안길을 끼고 느긋하게 걷는 코스로 초보자에게도 알맞다.

가는 길 | 승용차 : 대전통영고속도로 통영 IC에서 14번 국도를 타고 거제 쪽으로 가다가 사곡삼거리에서 우회전해 1018번 지방도로로 진입, 연담삼거리에서 다시 우회전해 학동몽돌해수욕장 방향.
대중교통으로 찾아가기 불편하니 승용차나 렌터카를 이용한다.

자연과 함께 하는 진정한 슬로 걷기 지리산 둘레길 운봉 – 인월 코스

지리산 둘레길은 산림청 녹색사업단의 복권기금으로 조성되어 시민들을 위해 개방되었다. 편의시설이나 화장실이 거의 없을 정도로 '자연 친화적인 여행'을 슬로건으로 삼고 있다. 지정된 공중 화장실이나 마을의 개방 화장실을 이용해야 하므로, 코스를 짤 때 주의한다. 방향 표시는 주로 찻길 바닥에 그려져 있다.

운봉~인월 구간은 서북능선과 백두대간을 구경하며 걸을 수 있는 길이다. 평지길인 데다 길이 넓어 여럿이서 같이 걷기에도 좋다.

코　스 | 운봉읍 – 서림공원 – 북천마을 – 신기마을 – 비진마을 – 군화동 – 흥부골자연휴양림 – 월평마을 – 인월면(총 9.4km / 4시간 소요)
난이도 | ★★★ 초중반은 뚝방길, 종반에는 산길이지만 많이 험하지는 않다.
가는 길 | 버스 : 서울 동서울터미널에서 인월행 버스를 탄다. 인월터미널 근처에 지리산길 안내센터가 있다.
승용차 : 경부고속도로 지리산 IC에서 배암등사거리 쪽으로 진입, 60번 지방도로를 타고 인월사거리 실상사 방향으로 300m, 오른쪽에 지리산길 안내센터가 있다.

조선시대 모습이 그대로 남아 있는 전통마을 안동 하회마을

마을 전체가 유네스코에 등재된 전통마을이다. 주차장에서 마을까지 난 1km의 오솔길을 15분간 걸으면 탈박물관에 도착한다. 마을이 한눈에 내려다보이는 강 건너편 부용대로 가려면 마을에서 배를 타고 가거나 살짝 돌아 광덕교를 통해 들어간다.

한옥들은 실제 주민들이 사는 집이므로 함부로 들여다보거나 시끄럽게 소란을 피워서는 안 된다. 마을의 모양과 골목길, 길 양옆으로 난 푸른 논밭과 자연 그대로의 산을 보며 걷다 보면 마음이 탁 트인다. 마을 전체를 돌아보는 데에는 2시간 정도 걸리지만 공연을 본다면 총 4시간을 예상해야 한다.

코　스 | 하회마을 주차장 – 하회동탈박물관 – 매표소 – 병산리노인정 – 병산서원 주차장 (총 5km / 2시간 소요)
난이도 | ★ 부드러운 흙길로 되어 발이 편하다.
가는 길 | 버스 : 서울 강남고속버스터미널, 동서울터미널에서 안동행 버스를 탄다. 안동시외버스터미널에서 하회마을행 버스를 타고 하회마을 또는 병산서원에서 하차.
승용차 : 중앙고속도로 서안동 톨게이트에서 약 15km 직진.

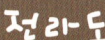

강물 따라 펼쳐지는 매화와 벚꽃 섬진강 꽃길

섬진강을 사이에 두고 경남 하동에서 전남 구례까지 달리는 19번 국도와 전남 광양에서 구례로 향하는 861번 지방도로를 말한다. 매화 외에도 산수유, 벚꽃, 배꽃 등이 강변을 따라 줄지어 늘어서 있다.

861번 지방도에 있는 청매실농원은 아름다운 매화로 봄이면 방문객이 끊이지 않는다. 특히 매실농원에서 왕대나무숲으로 이어지는 장독대 옆 오솔길은 마치 영화의 한 장면처럼 아름답다. 하얀 시멘트길이 구불구불 지리산으로 올라가는 독특한 풍경도 한 번쯤 걸어가 보고 싶어지게 만든다.

매실농원 외에도 화개장터에서 쌍계사까지 이어지는 길과 19번 국도가 벚꽃으로 유명하다.

코   스 | 섬진나루터 – 청매실농원 주차장 – 화개장터 – 쌍계사 – 하동읍내
(총 5km / 2시간 30분 소요)

난이도 | ★★ 길이 평탄하고 코스도 일직선이라 걷기 편하다.

가는 길 | 버스 : 서울 남부터미널에서 하동행 버스를 탄다. 하동에서 35-1번 버스를 타고 매화마을에서 하차.
승용차 : 남해고속도로 하동 나들목으로 나가 19번 국도로 섬진강을 거슬러 올라간다. 하동에서 섬진교를 건너 861번 지방도로를 타고 청매실마을 방향.

해안절경과 기암괴석이 유명 청산도길 1코스

청산도 슬로길은 총 11개 코스다. 바다의 해안선과 절벽을 끼고 도는 코스와 각 마을의 돌담장을 끼고 도는 코스 등으로 구성되어 있고, 총길이는 42.195km이다.

그중 1코스에서는 해안절경이 내려다보이는 갤러리길이 인기이며, 영화 '서편제'의 촬영지를 볼 수 있는 남도 갯길과 드라마 '봄의 왈츠' 세트장, 화랑포의 기암괴석들이 유명하다. 특히 '서편제' 촬영지와 '봄의 왈츠' 세트장 진입로는 길 양쪽으로 유채꽃과 양귀비가 화려하게 피어 눈이 즐겁다.

코   스 | 도청항 부두 – 도청리 쉼터 – 갤러리길 – 도락리 안길 – 동구정 – 도락노송길 – 당리 입구 – 봄의 왈츠 드라마 세트장 – 화랑포 갯돌밭 – 연애바위 입구
(총 5.71km / 1시간 30분 소요)

난이도 | ★★ 경사가 적고 흙길이 이어져 걷기 편하다.

가는 길 | 버스 · 배 : 서울 센트럴시티터미널에서 완도행 버스를 타고 가 완도연안여객터미널에서 청산도행 배를 탄다.

수천 년에 걸쳐 파도가 만든 바닷길 변산 마실길 1구간 1코스

변산 마실길은 총 네 구간으로 되어 있으며, 4구간 끝인 자연생태공원까지는 약 60km에 달한다. 새만금 전시관 주차장 안내소에서 궁금한 점이나 물때를 알아보고 출발하는 것이 좋다.

1코스를 걷다 보면 드넓은 바다와 끝없이 펼쳐진 모래사장, 군데군데 보이는 기암괴석을 만날 수 있다. 새만금 방조제는 총 길이 33.479km로 세계 최장을 자랑하며, 대항리 패총은 1974년 발견되어 신석기시대 유물이 많이 출토되었다. 1코스가 끝나면 격포에서 버스를 타거나 택시를 불러 새만금 전시관으로 되돌아오면 된다.

코   스 | 새만금 전시관 – 새만금 방조제 – 합구마을 포구 – 대항리 패총 – 변산해수욕장
(총 5km / 1시간 30분 소요)
난이도 | ★ 걷기가 서툰 초보자들도 걷기 좋다.
가는 길 | 승용차 : 서해안고속도로 부안 IC에서 30번 국도를 타고 새만금 이정표를 따라간다.
대중교통으로 찾아가기 불편하니 승용차나 렌터카를 이용한다. 새만금 전시관 주차장에 주차할 수 있다.

유럽을 떠올리게 하는 이국적인 숲길 축령산 편백나무숲길

길게 뻗은 편백나무가 마치 외국에 온 듯한 느낌을 준다. 동양적인 산의 모습과 유럽의 느낌을 함께 즐길 수 있어 많은 블로거와 사진작가들에게 사랑받는 숲길이다. 산실이긴 하지만 길이 잘 정비되어 있어 산책 수준으로 즐길 수 있다.

이 길은 거장 임권택 감독의 영화에도 자주 등장한다. 금곡 영화마을은 실제로 영화 세트장으로 많이 사용되는 장소라 구경하면서 걷기 좋다.

코   스 | 금곡마을 – 춘원 임종국 선생 기념비 – 능선 갈림길 – 정상 – 해인사 – 괴정마을
(총 6.5km / 3시간 30분 소요)
난이도 | ★★ 숲길이라 기본적인 등산 장비가 필요하다.
가는 길 | 기차 · 버스 : KTX를 타고 장성에서 하차, 추암관광농원 군내버스를 탄다.
승용차 : 호남고속도로 백양사 IC에서 1번 국도로 나가 상오에서 896번 지방도로를 탄다.
문암리에서 금곡마을로 진입.

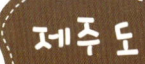
정상에서 보는 유채꽃 밭이 절경 서귀포 바닷길

매년 3월 말~4월 초에 유채꽃 걷기 대회가 열린다. 제주 조각공원에서 출발해 서귀포 일대를 도는 코스는 국제 공인 걷기 코스이기도 하다. 조각공원에서 시작하여 유채꽃이 흐드러지게 핀 길을 따라 걷다 보면 소나무숲길이 나온다. 소나무숲길을 걷다 보면 왼쪽으로는 화순 금고래 해변이 나오고 용머리 해안도 만날 수 있다. 용머리 해안을 끼고 언덕을 오르다 보면 노란 유채꽃이 빼곡히 들어찬 아름다운 절경이 보인다. 코스의 끝인 사계해수욕장은 검은 모래가 인상적이다.

코 스 | 제주조각공원 – 소나무숲길 – 화순 금고래 해변 – 용머리 해안 – 사계해수욕장
(총 10km / 3시간 30분 소요)

난이도 | ★ 언덕이 조금 있지만 전체적으로 평탄하다.

가는 길 | 버스 : 제주공항에서 37번 시외버스를 타고 한라병원까지 간다. 다시 평화로 시외버스를 타고 제주조각공원에서 하차.

섬 전체가 아름다운 산책로 비양도

섬속의 섬으로 불리는 비양도는 제주 금능해수욕장에서 바로 보이는 아담한 섬이다. 드라마 '봄날'의 촬영지로도 유명하다. 곳곳에서 현무암인 코끼리바위나 부아석 등 다양한 모양의 바위들을 구경하는 재미도 있다.

비양봉은 처음 계단을 오를 때는 좀 가파르지만 곧 평탄한 평지가 이어진다. 정상까지는 500m이고 전체적으로 완만한 편이다. 정상에 오르면 비양도의 마을 풍경과 아름다운 바다가 한눈에 보인다. 비양봉을 내려와 들르는 펄랑못은 해수로 된 염습지로 나무길이 잘 정비되어 산책하기에 좋다.

코 스 | 비양봉산책로 입구 – 대나무숲길 – 소나무숲길 – 전망대 – 비양봉 등대 – 펄랑못 – 비양분교 – 비양도 선착장(총 4.69km / 2시간 소요)

난이도 | ★ 1시간 정도면 섬 전체를 둘러볼 수 있다.

가는 길 | 배 : 한림항에서 하루에 두 번 있는 비양도행 배를 탄다.

원시림이 보전된 제주의 숨은 비경 **사려니 숲길**

제주를 대표하는 숲길로는 사려니 숲길, 장생의 숲길, 삼다수 숲길이 있다. 그중 사려니 숲길은 총 길이 약 15km로 2007년 제주시 숨은 비경 31 중 하나에 선정된 길이다. 숲길 양쪽을 따라 울창한 숲이 펼쳐져 있고, 각종 야생 동물들이 살고 있다. 제주특별자치도와 국립산림과학원이 가꾸어 온 시험림이라서 원시림이 훌륭하게 보전되어 있다.

우리나라에서는 보기 힘든 평지 숲길이라 걷기에 좋다. 걸을 때는 주로 큰 길을 따라 걷는 것을 추천한다.

붉은오름 구간은 2012년 12월 31일까지 자연휴식년제 운영으로 출입이 통제된다.

코 스 | 사려니오름숲 입구 – 천미천 – 붉은 길 – 치유와 명상의 숲 – 붉은오름
(총 10km / 3시간 반 소요)

난이도 | ★★ 평탄한 길이라 걷기 편하지만 조금 지루할 수 있다.

가는 길 | 버스 : 제주시와 서귀포 시외버스터미널에서 5.16 노선을 타고 교래 입구에서 하차, 걸어서 20분.

제주도의 새로운 즐거움 **올레길 10코스**

지금까지 열린 올레 코스는 23개이다. 10코스는 화순 금모래 해변에서 대정읍까지 이어지는 구간으로 국토 최남단인 송악산 외에 한라산, 소금막 항만대 등 볼거리가 많은 길이다.

올레길은 파란색과 주황색의 리본, 말 모양 이정표인 간세(조랑말이라는 뜻의 제주도 말)로 길을 찾는 것이 특징이다. 또 제주올레 패스포트라는 여행증명서를 발급받아 각 코스를 지날 때마다 확인 스탬프를 받으면 제휴업체에서 항공, 숙박 할인 혜택을 받을 수 있다. 6코스를 제외한 모든 구간은 밤에는 위험하므로 일출 후에 걷기를 시작하여 일몰 전에 끝낸다.

코 스 | 화순 금모래 해변 – 퇴적암 지대 – 산방연대 – 설쿰바당 – 사계 화석 발견지 – 송악산 입구 – 송악산 – 알뜨르비행장 – 하모해수욕장 – 모슬포항 – 하모해수욕장
(총 14.8km / 4~5시간 소요)

난이도 | ★★★ 초반에 바윗길이 있고 산방연대, 송악산 등 오르막길이 있다.

가는 길 | 버스 : 중문우체국에서 화순행 버스를 타고 화순 하차, 화순 금모래 해변까지 걸어서 15분.

리스컴이 펴낸 책들

우리집에 꼭 필요한 생활요리 대백과
한복선의 우리음식
신세대 주부들도 쉽게 따라할 수 있는 한국 전통 음식 교과서. 가정요리, 명절음식, 궁중음식, 향토음식, 건강요리, 김치·장아찌 등 기본에 충실하면서도 실용적인 요리가 가득 담겨 있다.

한복선 지음 | 304쪽 | 210×255mm | 15,000원

왕초보를 위한 요리 교과서
한복선의 요리 1학년
요리 왕초보를 위한 기초 중의 기초 요리책. 칼 잡는 법부터 계량법, 기본양념, 재료 고르기와 손질법 등 요리의 기본기를 꼼꼼하게 잡아주고 국·찌개, 구이, 조림, 나물 등 조리별 맛내기 노하우를 자세히 알려준다.

한복선 지음 | 280쪽 | 210×275mm | 15,000원

대한민국 대표 요리책
한복선의 엄마의 밥상
최고의 요리전문가 한복선 선생님이 알려주는 엄마 손맛의 비결. 별미반찬, 국·찌개·전골, 한 그릇한 끼, 우리 집 별식, 김치·장아찌·피클 등 일상요리가 다 들어 있다. 반찬 만들기 기본 테크닉 등도 자세히 소개되어 있다.

한복선 지음 | 280쪽 | 210×265mm | 13,000원

우리 식탁엔 우리 음식
일주일 밑반찬 사계절 장아찌
주부들의 반찬 고민을 덜어주는 밑반찬 요리책. 장조림, 마른반찬, 깻잎장아찌 등 대표 밑반찬과 슬로푸드 장아찌, 새콤달콤한 피클, 입맛 살리는 젓갈 75가지가 담겨 있다. 만들기 쉽고, 전통의 맛을 살린 레시피가 가득하다.

최승주 지음 | 144쪽 | 210×265mm | 9,800원

먹을수록 건강해지는 우리 음식
나물이 좋다
기본 나물부터 향토 나물까지 다양한 나물 레시피 78가지를 담았다. 생채와 겉절이, 살짝 데쳐 무치는 무침나물, 양념해 볶는 볶음나물, 나물로 만드는 별미요리 등이 있다. 사계절 제철 나물과 고르기, 손질 요령 등도 정리했다.

리스컴 편집부 | 136쪽 | 210×265mm | 9,800원

토속음식에서 퓨전요리까지, 된장요리 73
우리 몸엔 된장이 좋다
항암 효과가 뛰어나고 성인병 예방에도 좋은 된장요리책. 국·찌개, 밥반찬, 별미요리, 일품요리, 나토요리 등 현대인의 입맛에 잘 맞는 된장요리 73가지를 담았다. 된장의 효능, 집에서 된장 담그기와 시판 된장 고르기, 여러 가지 된장소스, 된장요리 전문점도 소개한다.

최승주 지음 | 192쪽 | 190×260mm | 13,000원

내 몸에 약이 되는 우리 음식
우리 몸엔 죽이 좋다
맛있고 몸에 좋은 건강죽을 담은 책. 우리 음식의 대가 한복선 요리연구가가 오랜 노하우를 담아 전통 죽은 물론, 현대인에게 필요한 영양죽, 약재를 넣어 건강을 되찾아주는 약죽 등을 소개한다.

한복선 지음 | 152쪽 | 210×265mm | 12,000원

한 그릇의 영양, 세계인의 웰빙 푸드
비빔밥 75가지
한식 세계화의 대표 주자인 비빔밥과 간편한 일품요리 덮밥 75가지를 담았다. 간단하고 빠르게 차릴 수 있는 비빔밥부터 정성을 들여 만든 특별한 비빔밥까지 누구나 쉽게 준비할 수 있도록 돕는다.

전지영 지음 | 192쪽 | 210×275mm | 12,000원

몸이 가벼워지는 한 끼
자연주의 채식요리
맛과 영양은 기본이고 간편하게 만들 수 있는 채식요리를 자세히 소개했다. 다이어트 샐러드, 채식 초대요리, 채식 간식 & 도시락, 채식 빵 & 쿠키 등 75가지 레시피를 담았다. 맛과 멋을 더하는 재료 & 소스, 채식 재료 전문 매장 등의 정보도 가득하다.

이양지 외 지음 | 160쪽 | 180×260mm | 9,800원

내 몸은 내가 지킨다
의사도 못 고치는 만성질환 식품으로 다스리기
쉽게 구할 수 있는 식품과 민간약재로 고혈압, 당뇨병, 비염, 관절염 등 고질적인 53가지 만성질환을 예방, 치료하는 방법이 담겨 있다. 특효 식품을 소개하고 달이기, 가루내기, 차 끓이기, 효소진액 만들기 등 다양한 복용 방법까지 알려준다.

김달래 지음 | 256쪽 | 190×260mm | 14,000원

맛있는 다이어트
닭가슴살 요리 60

샐러드, 구이, 한 그릇 요리, 도시락 등 쉽고 맛있는 닭가슴살 요리 60가지를 소개한 책. 김밥, 전, 파스타 등 인기 메뉴부터 개성 만점 별미 메뉴까지 소개해 다양한 맛을 즐길 수 있다.

이양지 지음 | 144쪽 | 210×265mm | 11,500원

국민 재료 달걀의 무한변신 달걀요리 67
달걀하나로

누구나 쉽게 만들어 즐기는 달걀요리 레시피. 밥반찬부터 일품요리, 샐러드, 디저트까지 다양한 달걀요리를 담았다. 완전식품 달걀을 간단한 아침식사로, 건강을 위한 웰빙식으로, 날씬한 몸매를 가꾸는 다이어트식으로, 후다닥 준비하는 간식으로 멋지게 즐겨보자.

손성희 지음 | 168쪽 | 190×230mm | 12,000원

간편한 도시락은 다 모였다!
김밥·주먹밥·샌드위치

만들기 쉽고, 먹기 편한 도시락 메뉴 78가지를 소개한 책. 김밥, 주먹밥, 초밥, 캘리포니아 롤, 샌드위치 등이 모두 들어 있다. 밥 짓기, 양념하기, 김밥 말기, 배합초 버무리기 등 기초 테크닉도 꼼꼼하게 알려준다.

최승주 지음 | 184쪽 | 190×245mm | 12,000원

후다닥 만들어 럭셔리하게 즐긴다
홈메이드 샌드위치 74가지

초보자들도 쉽게 만들 수 있는 메뉴부터 전문점 못지않은 럭셔리한 종류까지 74가지의 다양한 샌드위치를 스피드 샌드위치, 럭셔리 샌드위치, 전문점 인기 샌드위치 등으로 나누어 소개한 책.

안영숙 지음 | 140쪽 | 190×260mm | 8,500원

천연 효모가 살아있는 건강 빵
천연발효빵

맛있고 몸에 좋은 천연발효빵을 소개한 책. 단순한 홈베이킹의 수준을 넘어 건강한 빵을 찾는 웰빙족을 위해 과일, 채소, 곡물 등으로 만드는 천연발효종 20가지와 천연 발효종으로 굽는 건강빵 레시피 62가지를 담았다.

고상진 지음 | 200쪽 | 210×275mm | 13,000원

설탕·버터·달걀 No!
채식 베이킹

맛있고 아토피 걱정 없는 '안심' 베이킹 레시피 북. 한 끼 식사로 손색없는 파운드케이크와 먹기 좋은 크기의 머핀, 스콘, 쿠키, 오븐이 필요 없는 팬케이크와 크레이프 등 누구나 좋아하는 건강 빵과 과자가 가득하다.

후지이 메구미 지음 | 104쪽 | 210×256mm | 9,500원

미니오븐으로 시작하는
쿠키·빵·케이크

초보자를 위한 미니오븐 베이킹 레시피 50가지. 바삭한 쿠키와 담백한 스콘, 다양한 머핀과 파운드케이크, 폼 나는 케이크와 타르트, 누구나 좋아하는 인기 빵까지 모두 담겨 있다. 베이킹을 처음 시작하는 사람에게 안성맞춤이다.

고상진 지음 | 144쪽 | 210×256mm | 12,000원

손님상에, 도시락에… 센스를 뽐내세요
과일 예쁘게 깎기

30여 가지의 과일과 채소를 예쁘고 먹기 좋게 깎을 수 있도록 소개한 책. 60여 가지의 다양한 깎기와 모양내기 방법을 과정 사진과 함께 자세히 알려준다. 손님상·아이 생일파티 등 상황에 따른 과일 준비하기, 과일차 담그기 등도 알려준다.

구본길 지음 | 144쪽 | 190×230mm | 9,800원

맛있고 몸에 좋은 카페 스타일 드링크
홈메이드 천연 음료

온 가족의 입맛을 사로잡을 최고의 홈메이드 음료 레시피를 담았다. 첨가물 걱정 없는 진짜 100% 과일 채소 주스와 과일이 듬뿍 들어간 스무디, 패밀리레스토랑보다 맛있는 에이드 등 107가지 음료를 만날 수 있다.

이지은 지음 | 136쪽 | 190×245mm | 9,800원

건강하고 예뻐지는 증상별 맞춤 주스
생생 비타민 주스

건강주스 152가지를 내 몸을 살리는 건강 주스, 사랑하는 남편을 위한 활력충전 주스, 여성을 위한 미용 주스, 내 아이를 위한 영양만점 주스 등으로 나누어 소개한 책. 각종 증상을 개선시키는 생주스 만드는 법도 담겨 있다.

김경미 지음 | 이승남 감수 | 152쪽 | 190×245mm | 9,800원

리스컴이 펴낸 책들

한 손엔 차표를, 한 손엔 시집을
시가 있는 여행
현대인의 지친 마음을 달래줄 감성 여행 가이드
북. 희망, 사랑, 가족, 시간, 치유, 주름 등 6개의
테마에 맞춰 감성 여행지 31곳을 소개하고, 여행
지마다 고은, 이청준, 정채봉 등 국내 시인들의
시를 함께 수록했다.

윤용인 지음 | 292쪽 | 153×223mm | 13,000원

우리 바람 쐬러 갈까?
서울·근교 베스트 여행지 50
서울과 수도권에서 쉽게 찾아 갈 수 있는, 가깝
고 재미난 나들이 장소들을 모았다. 데이트 코
스, 힐링 코스, 가족여행 코스, 건강 코스, 유적
코스로 구분해 보기 편하고 맛집 정보와 상세한
지도까지 수록해 알차다.

편경애 지음 | 264쪽 | 148×210mm | 13,000원

so hot, so beautiful TOKYO
8일간의 도쿄 여행
도쿄의 핫스팟을 가구라자카, 지유가오카, 다이
칸야마 등 8개의 지역으로 나누어 하루에 한 지
역씩 돌아보는 형식으로 소개한 책. 네이버에 오
픈캐스트를 제공하는 파워 블로거이자 '도쿄라이
프' 카페 운영자이기도 한 저자 남은주가 엮었다.

남은주 지음 | 222쪽 | 150×205mm | 12,000원

누구나 한 번쯤 꿈꾸는 그곳
언젠가는, 터키
터키 여행 에세이 겸 가이드북. 신비로움을 간직
한 도시 이스탄불, 웅장한 자연경관에 놀라게 되
는 파묵칼레와 카파도키아, 여유로움을 만끽할
수 있는 지중해… 터키 여행의 모든 것을 한 권
에 담았다.

장은정 지음 | 264쪽 | 146×205mm | 13,000원

슬로푸드를 찾아 떠난 유럽 미식기행
씨즐, 삶을 요리하다
저자가 직접 오감으로 체험한 유럽의 음식문화
여행기. 미식의 도시 이탈리아 파르마를 비롯해
볼로네제 스파게티와 젤라토의 본고장 볼로냐,
명품 발사믹식초 생산지 모데나 등에서 저자가
맛보고 경험한 슬로푸드 이야기에 빠져보자.

노민영 지음 | 296쪽 | 148×210mm | 13,500원

BANKSY Locations&Tour
아트 테러리스트 뱅크시,
그래피티로 세상에 저항하다
전설적인 게릴라 아티스트인 뱅크시의 그래피티
사진집. 이 책은 3개의 런던 가이드 투어로 구성되
어 있다. 1000여 장의 사진 속에는 현대 자본주의와
감시당하는 사회에 대한 저항 정신이 살아 숨쉰다.

마틴 불 지음 | 이승호 옮김 | 180쪽 | 165×210mm | 12,000원

수납부터 가구배치까지… 인테리어 아이디어 50
좁은 집 넓게 쓰는 정리의 기술
좁은 집, 좁은 방을 좀 더 넓게 쓰고 싶은 사람을 위
한 인테리어 책. 인테리어 전문가인 저자가 실제 사
례를 바탕으로 집 안을 넓고 예쁘게 바꾸는 방법
50가지를 제안한다. 정리정돈부터 가구배치, 소품
배열 등 인테리어 테크닉이 가득 담겨 있다.

카와카미 유키 지음 | 이예린 옮김 | 136쪽 |
170×220mm | 12,000원

누가 해도 예쁜 자연주의 집 꾸밈
내 손으로 뚝딱! 셀프인테리어
집 안을 예쁘고 쾌적하게 꾸미고 싶지만, 맡기자
니 비용이 만만치 않고, 직접 하자니 엄두가 나지
않는 사람들을 위한 DIY 인테리어 가이드북. 최소
한의 비용으로 최대의 효과를 내는 셀프인테리어
기법이 총망라되어 있다.

채경희·호유정 지음 | 256쪽 | 210×275mm | 15,000원

내가 살고 싶은 집, It's IKEA style!
북유럽 디자인 + IKEA로 꾸민 집
심플하고 기능적인 이케아 제품으로 꾸민 북유럽
스타일의 인테리어 책. 가구에서부터 소품, 수납
까지 이케아만의 아이디어와 센스가 듬뿍 담겨 있
다. 살기 편하고 개성 넘치는 인테리어 감각을 배
울 수 있다.

이예린 옮김 | 120쪽 | 210×275mm | 12,000원

집짓기부터 내추럴 소재와 가구·소품 고르기까지
내가 꿈꾸는 내추럴 하우스
천연소재로 집을 짓고 꾸민 내추럴 하우스 20곳
을 프렌치, 모던, 심플 세 가지 스타일로 소개한
다. 가족 구성을 고려한 설계부터 마감재, 가구,
소품 연출까지 편안한 내추럴 인테리어 노하우가
자세히 담겨 있다.

이소리 옮김 | 156쪽 | 210×257mm | 12,000원

똑똑하고 감성적인 아이로 키우는
0~6세 아기와 책 읽기

태아 때부터 영유아기까지 아이의 나이와 상황에 맞는 책 읽기와 이야기 만들기, 아이와 교감하며 책 읽는 기술 등을 알려준다. 독서지도 전문가가 추천하는 책들을 물론, 내 아이를 주인공으로 하는 맞춤 이야기들도 소개되어 있다.

앨리슨 데이비스 지음 | 112쪽 | 190×260mm | 10,000원

초보 엄마가 꼭 알아야 할 육아 매뉴얼
사진으로 한눈에 익히는
0~12개월 아기 돌보기

초보 엄마 아빠에게 꼭 필요한 육아 가이드북. 출생 후 12개월까지 안아주기, 수유하기, 가저귀 갈기, 달래기, 목욕시키기 등 아이 돌보기의 모든 것이 풍부한 사진과 함께 상세히 설명되어 있어 쉽게 따라 할 수 있다.

프랜시스 윌리엄스 지음 | 112쪽 | 190×260mm | 10,000원

똑똑한 엄마의 선택
닥터맘 이유식

생후 4개월부터 36개월까지 단계별로 꼭 필요한 영양을 담은 건강 이유식 레시피. 미음부터 죽, 진밥, 덮밥, 국수, 샐러드, 국, 반찬 등 다양한 이유식과 유아식을 담았다. 차근히 따라 하면 건강하고 튼튼하게 키울 수 있다.

닥터맘 지음 | 216쪽 | 190×230mm | 13,000원

산부인과 의사가 들려주는 임신 출산의 모든 것
똑똑하고 건강한 첫 임신 출산

임신 전 계획부터 산후조리까지 현대를 살아가는 임신부를 위한 똑똑한 임신 출산 교과서. 20년 산부인과 전문의가 인터넷 상담, 방송 출연 등을 통해 알게 된, 임신부들이 가장 궁금해 하는 것과 꼭 알아야 것들을 알려준다.

김건오 지음 | 304쪽 | 190×230mm | 15,000원

4~8세 동물 그림책
동물원에 놀러 가요

코끼리, 사자, 기린, 펭귄 등 아이들이 좋아하는 온갖 동물들을 만날 수 있다. 온화하고 섬세한 그림은 친근하면서 동물들의 특징을 정확히 알려준다. 또한 동물들의 습성을 아이들 눈높이에 맞춰 재미있게 표현해 머릿속에도 쏙쏙 들어온다.

아베 고우시 지음 | 기타부라 나오코 그림 | 40쪽 | 225×245mm | 10,000원

4~8세 어린이 동화책
팬티가 날아다녀요

좌충우돌 재미나는 모험과 유쾌하고 엉뚱한 그림이 가득한 이야기. 패티 아줌마의 팬티가 그만 바람에 어디론가 날아가버린다. 패티 아줌마의 팬티는 험난하고 특별한 모험을 떠나게 되는데… 팬티는 다시 집으로 돌아올 수 있을까?

카라 르비한 지음 | 40쪽 | 225×271mm | 10,000원

4~8세 어린이 동화책
어젯밤 꿈속에

때로는 무섭고, 때로는 재미있고, 하늘을 날거나 물속에서 숨을 쉬는 등 뭐든지 할 수 있는 꿈나라 이야기. 샤갈의 그림을 보는 듯한 풍부한 색감과 신비감 넘치는 표현, 콜라주 등 다양한 기법을 사용한 그림이 아이의 창의력을 키워준다.

시린 에이들 지음 | 32쪽 | 214×270mm | 10,000원

4~8세 어린이 동화책
다 내꺼야

자기 물건에 대한 아이의 욕심을 재치 있게 일깨워주는 이야기. 데이지는 온갖 잡동사니들을 방 안에 쌓아두고는 방이 좁다며 투덜거린다. 하지만 엄마는 오히려 창고에 있던 물건들까지 꺼내온다. 데이지는 소원대로 넓은 방을 가질 수 있을까?

데비 월드먼·리타 퓨틀 지음 | 40쪽 | 225×273mm | 10,000원

4~8세 어린이 동화책
리처드는 코딱지파개

재미있는 소재와 상상력 넘치는 이야기가 흥미진진하다. 코딱지파개 리처드는 친구들의 놀림을 받으면서도 늘 끈적끈적한 코딱지를 가지고 논다. 어느 날 코딱지를 파다가 온몸이 코 속으로 빨려 들어가버린 리처드. 리처드는 어떻게 될까?

캐럴라인 벡 지음 | 40쪽 | 225×248mm | 10,000원

늘 궁금했지만 부끄러워 물어볼 수 없었던 우리 몸의 모든 것!
꼬질꼬질 우리 몸의 비밀

여드름은 왜 생길까? 내가 먹은 음식이 어떻게 똥이 될까? 이 책은 우리 몸에 관한 모든 궁금증들을 재미있고 유쾌하게 설명하고 있다. 더불어 우리 몸을 지키기 위한 건강상식과 올바른 습관도 알려주며 잘못 알려진 속설도 바로 잡아준다.

폴 메이슨 지음 | 60쪽 | 193×260mm | 8,800원

걷는 만큼 빠진다

워킹
다이어트

지은이 | 김사라

사진 | 김인규(아이엔 스튜디오 031-915-3973)
어시스트 | 김진

진행 | 이소리
메이크업 & 헤어 | 이경민 포레 일산점(031-904-8898)

편집 | 김연주 김은정 양한주
디자인 | 권원영
영업관리 | 김종선 김상례
기획 마케팅 | 최희진 박찬호

출력 · 인쇄 | 금강인쇄(주)

초판 1쇄 | 2014년 2월 24일
초판 2쇄 | 2014년 4월 14일

발행인 | 이진희
발행처 | 리스컴

주소 | 서울시 강남구 언주로134길 11-5
전화번호 | 02-540-5192~5193(영업부)
          02-544-5922, 5933, 5944(편집부)
          02-544-5934(미술부)
FAX | 02-540-5194
등록번호 | 제2-3348
홈페이지 | www.leescom.com

리스컴 블로그
blog.naver.com/leescomm

맛있는 책 카페
cafe.naver.com/leescom

이 책은 〈걷기 다이어트 8주 플랜〉의 개정판입니다.

ISBN 979-11-5616-009-0 13590
값 12,000원